Del Nilo al Big Bang

Del Nilo al Big Bang

Física para los que suspendían Física

Antoine Bret

Imagen de la cubierta: NASA, cortesía del Centro Espacial Johnson de la NASA, Image Science & Analysis Laboratory

Copyright © 2020 Antoine Bret

Todos los derechos reservados

ISBN-13: 9798663480550

Agradecimientos

Muchas gracias a Alex Blasco, Cyril Bruneaux, Daniel Casado, Pablo de Felipe, Mario Escobar, Oscar Gonzalez, Daniel Jándula y Mabel Morales por su ayuda en la preparación de este libro.

Contenido

Prefacio 9
Introducción 11
Se ruega lectura 13
El Big Bang 21
Las fuentes del Nilo y el Big Bang 49
Los enigmas del Big Bang…, que no son del Big Bang 57
Los agujeros negros 67
Más allá de la frontera 79
Terra Cognita y Terra Incognita 107
¿Tenía Dios elección? 121
Conclusión 131
Bibliografía breve 135
Notas 137

Prefacio

¿Qué conexión hay entre la partícula más pequeña y el mayor de los agujeros negros? ¿Qué conexión hay entre el Nilo y el Big Bang? Este libro relaciona entre sí las múltiples capas de los conceptos fundamentales de la física, desde las teorías clásicas y aún más allá. Antoine presenta las últimas teorías y los debates recientes de forma clara y encantadora, para un lector sin conocimientos previos de física, y traza en su libro el camino hacia su comprensión profunda.

Conocí a Antoine cuando era profesor visitante en el Departamento de Astrofísica de la Universidad de Harvard, donde dio una serie de conferencias sobre física de plasmas. Pude, también, mantener con él conversaciones interesantes sobre física fundamental. Fue una experiencia fantástica, ya que Antoine tiene la capacidad y la inteligencia para descomponer y presentar conceptos complejos. Finalmente, esta serie de conferencias nos motivó a mi colega y a mí a trabajar en uno de los temas expuestos.

En su libro, al igual que en sus conferencias, Antoine desvela la complejidad y la belleza de la física y de nuestra comprensión del universo, llevándonos a un interesante viaje por los conceptos básicos de la física fundamental. Tal como hizo en sus conferencias, sus explicaciones llegan aquí con claridad, no exenta de humor, que se va entrelazando en los sucesivos capítulos.

Antoine describe el delicado "ecosistema" que existe entre teoría, observación y experimentación. Esta elaborada danza entre estos diferentes enfoques es vital para avanzar en nuestro conocimiento sobre el universo. Antoine relaciona este con la naturaleza humana y el debate científico contemporáneo, y añade un elemento de reflexión sobre la integración entre ciencia y sociedad.

Mi sugerencia: lea este libro y amplíe su conocimiento.

Profesora Smadar Naoz
Universidad de California, Los Ángeles
Departamento de Física y Astronomía

Introducción

Acabo de buscar en Internet el número de veces que aparece la expresión "agujero negro" en las últimas 24 horas. Resultado: 3.240. La misma búsqueda sobre "big bang universo" nos da 2.620. Tuve que añadir "universo" para filtrar la lluvia de resultados vinculados a la serie *The Big Bang Theory* (de la que soy fan).

El Big Bang y los agujeros negros son noticia. Hubo una época cuando el "Nuevo Mundo" era objeto de sueño para muchos. El lugar por excelencia de lo desconocido y de las oportunidades. Ahora que Google Earth nos permite visitar cualquier lugar del planeta desde el sofá, puede que la "ciencia" haya ocupado el papel de "Nuevo Mundo", ya que el planeta Marte sigue mal atendido por los transportes.

Tanta información, por desgracia, implica confusión. Confusión sobre lo que son el Big Bang y los agujeros negros y, sobre todo, confusión sobre lo que se sabe y lo que no se sabe; sobre la ubicación de la frontera del conocimiento.

Os propongo un paseo por lo conocido y lo desconocido. Empezando por el "valle de Newton", abordaremos después el "monte Einstein", desde el cual se pueden admirar los "picos Big Bang y Agujeros Negros". Detrás de estos están las "tierras desconocidas de la Gravedad Cuántica", a menudo erróneamente presentadas por la prensa como conocidas. Proporcionar un mapa claro del territorio, aunque no muy detallado, es el objetivo de este libro.

Los italianos tienen un dicho sugestivo: *"traduttore, traditore"*. Traductor, traidor. Creo que también se podría decir "divulgador, traidor". El terreno cubierto por nuestra excursión es inmenso. Para transmitir una perspectiva global del panorama, he tenido que simplificar tremendamente.

El texto cuenta con muchas notas. Están al final del libro. La intención es que permitan indagar más sobre tal o cual asunto comentado. Cuando es posible, me refiero a fuentes en castellano. Sin embargo, los artículos especializados siempre están en inglés. No se traducen. En tal caso, cito la referencia precisa del artículo. Muchas revistas científicas, donde publican los investigadores, son de pago. No obstante, si hay una versión gratis del artículo en la web (ocurre a menudo), bastará con buscar en internet el título entre comillas para dar con ella.

Se ruega lectura

"Imaginen que 'el mundo' es algo así como un gran juego de ajedrez jugado por los dioses, y que nosotros observamos el juego. No sabemos cuáles son las reglas del juego; solo se nos permite mirar. Por supuesto, si observamos el tiempo suficiente, es posible que terminemos entendiendo unas cuantas reglas. Las reglas del juego son lo que entendemos por física fundamental." [1]

Richard Feynman

La gente como yo tiende a saltarse sistemáticamente los capítulos así titulados, pretendiendo ir directamente al grano. El problema es que a menudo estas secciones contienen información vital para el resto del libro. Saltárselas equivale a perderse el principio de una película policíaca, lo que en general obliga a molestar a los demás hasta el final, preguntándoles cada diez minutos por qué pasa esto o lo otro.

Voy a exponer aquí lo que es imprescindible saber para no perderse después. Hablaré de partículas, de fuerzas, de mecánica cuántica y de historia.

Partículas

La materia está hecha de átomos. Tú, yo, el papa o una roca, estamos hechos de átomos. Los griegos Leucipo y Demócrito propusieron algo similar en el siglo V antes de Cristo, pero solo se confirmó a principios del siglo XX.

Los *átomos* están hechos de un núcleo, con carga eléctrica positiva, y de electrones que giran a su alrededor, con carga negativa. Si el núcleo tiene carga 2, hay 2 electrones girando. Si tiene carga 10, hay 10 electrones. De modo que el átomo es globalmente neutro.

Los *núcleos* de los átomos están hechos de protones y neutrones. Un protón tiene carga positiva 1, y un neutrón es… neutro. De ahí su nombre. El núcleo más sencillo es un protón solito. A ese protón, junto con el electrón que gira a su alrededor, le llamamos "hidrógeno". Con 2 protones y 2 neutrones tenemos el "helio". El núcleo del "carbono" tiene 6 protones y 6 neutrones, etc. Así poblamos la tabla periódica hasta los núcleos pesados, como el "uranio-235" de nuestras centrales nucleares, con 92 protones y 143 neutrones. Un núcleo no tiene necesariamente tantos protones como neutrones.

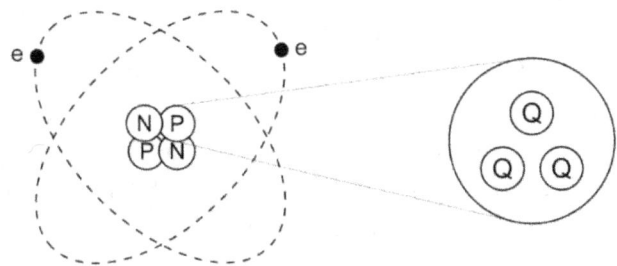

Un átomo está compuesto por un núcleo, con protones y neutrones, y de electrones girando alrededor (izquierda). Aquí tenemos un átomo de helio, con 2 protones y 2 neutrones. La órbita de los electrones es un millón de veces mayor que el tamaño del núcleo. Obviamente, el dibujo no está a escala. A su vez, los protones y neutrones están hechos de quarks (derecha).

Los protones y neutrones están hechos de *quarks*. Hay 6 tipos diferentes de quarks. Según cómo los juntemos, obtendremos un protón o un neutrón. Otras partículas resultan de la combinación de los quarks, pero no las mencionaremos en este libro. Protones y neutrones, nada más.

Parece que aquí terminan las muñecas rusas. Los quarks no parecen hechos de otra cosa. La figura permite visualizar lo que acabamos de decir.

Ahora que tenemos los jugadores, vamos con las reglas del juego. ¿Cómo interactúan los jugadores?

Fuerzas fundamentales

Las partículas generan fuerzas y "sienten" fuerzas. Por eso pueden jugar juntas.

Las partículas que tienen carga eléctrica, como el electrón o el protón, emiten fuerza "electromagnética", y también la sienten. Por ejemplo, los protones del núcleo de un átomo emiten esta fuerza, y los electrones que giran alrededor la sienten. Por eso se quedan. Sin esta fuerza, los electrones no le harían ni caso al núcleo.

Pasarían a su lado sin darse cuenta. Mediante esta fuerza, partículas con cargas opuestas se atraen, y partículas con el mismo tipo de carga se repelen. Los campos eléctricos y magnéticos (el de un imán) y las fuerzas eléctricas y magnéticas son la manifestación de esta fuerza o interacción electromagnética.

Las partículas con el mismo tipo de carga se repelen. Muy bien. Entonces, ¿qué hacen juntos los protones en el núcleo? ¿No deberían separarse? En principio, sí, pero hay otra fuerza, denominada fuerza nuclear[2], que "pega" (liga) protones y neutrones entre sí. Esta fuerza es de muy corto alcance. La fuerza electromagnética puede actuar desde lejos. La fuerza nuclear no. Tiene los brazos cortos. Si acerco desde lejos un protón a un núcleo, empezarán por repelerse por culpa de la fuerza electromagnética. ¿Por qué? Porque ambos, el núcleo y el protón, tienen carga positiva, y no quieren verse. Pero si consigo aproximar mucho, mucho, el protón al núcleo, empezará a sentir la atracción de la fuerza nuclear de este, y se pegará a él. Es como subir una larga cuesta arriba, para caer en un pozo muy profundo al llegar a la cima. Añadir un protón a un núcleo, o incluso juntar dos núcleos, se llama "fusionar núcleos". Es una inversión energética muy exigente, pero a veces muy rentable[3]. Concedido, primero hay que subir la cuesta, vencer la repulsión electromagnética entre los núcleos. Esto es la inversión energética. Pero después, si llegan a acercarse lo suficiente, la fuerza nuclear los pega irremediablemente, devolviendo 1.000 veces la energía invertida[4]. Tenemos aquí la fuente de energía del Sol.

Finalmente, las partículas tienen masa[5], de modo que generan gravedad. Y también la sienten. Teniendo masa, el núcleo genera gravedad, y los electrones que giran alrededor la sienten. Se atraen. Pero dicha atracción es tan débil, comparada con la fuerza electromagnética, que no juega ningún papel al determinar el comportamiento del electrón. Sería como preocuparse por la influencia de una mota de polvo sobre la trayectoria de un Airbus A380. Para que la gravedad tenga efectos notables, hace falta juntar muchísimos átomos. Hasta lograr un planeta o una estrella, por ejemplo. Y puesto que planetas y estrellas no tienen carga eléctrica global, interactúan solo mediante la gravedad.

- A la escala del cosmos, reina la gravedad.
- A la escala del átomo, reina la fuerza electromagnética.
- A la escala del núcleo, reina la fuerza nuclear.

Mecánica cuántica

Voy a cometer ahora un delito de lesa ciencia, mencionando en tan solo unas líneas una de las revoluciones científicas más profundas de la historia de la humanidad.

En la figura anterior, representé los electrones como bolitas orbitando al rededor del núcleo, como si fueran planetas. Es una simplificación extrema. No orbitan así, porque no son bolitas. Tampoco lo son los protones, los neutrones y las demás partículas.

En la primera etapa del siglo XX, la gente se dio cuenta de que los electrones actúan como partículas en determinadas condiciones y como ondas en otras. Si una ola choca con un acantilado plano puede volver al mar, rebotando como si fuera una bola. Pero si encuentra una roca, pasará por encima de ella. Algo similar pasa con las partículas. En los tubos de rayos catódicos de los antiguos televisores, los electrones se comportaban como partículas. Pero si los electrones están ligados a un núcleo, su naturaleza ondulatoria aflora y se comportan como ondas.

La mecánica que rige el comportamiento del electrón en estas condiciones se llama "mecánica cuántica". Su desarrollo está asociado a nombres como Max Planck, Werner Heisenberg, Erwin Schrödinger, Niels Bohr, Louis de Broglie o Albert Einstein. Las ecuaciones matemáticas asociadas permiten entender, por ejemplo, cómo un electrón "gira" entorno a un protón. También permiten entender por qué la luz emitida por un gas, como el hidrógeno, por ejemplo, solo cuenta con unas frecuencias bien determinadas, y no otras.

En varias ocasiones el formalismo matemático de la mecánica cuántica permitió predecir la existencia de partículas, incluso antes de que se descubrieran. Por ejemplo, las bodas de la mecánica cuántica con la relatividad especial de Einstein permitieron predecir la existencia de la antimateria en 1928, cuatro años antes de que esta se observara. Por muy ciencia ficción que suene, la antimateria es algo muy común. Se observa cada día en los laboratorios. Incluso nosotros emitimos antimateria cada vez que un átomo radiactivo de "potasio 40" de nuestro cuerpo se desintegra, emitiendo un "antineutrino" (sí, sí, somos radiactivos).

En su libro *El Existencialismo es un humanismo* (1946), el filósofo francés Jean-Paul Sartre escribió que "la existencia precede a la esencia" únicamente en el caso del ser humano. Dejaré al lector filósofo valorar si la predicción matemática de la existencia de unas partículas pone en duda la afirmación de Sartre.

Por muy extrañas que sean algunas de sus consecuencias, la mecánica cuántica está respaldada por los experimentos de forma abrumadora. Le debemos la revolución informática, por ejemplo. El ordenador que uso ahora mismo no funcionaría sin ella. A lo largo del siglo XX, las fuerzas entre partículas han venido a pensarse como intercambios de otras… partículas. Por ejemplo, la fuerza electromagnética entre dos electrones radica en el intercambio de "fotones" entre ellos. Tenemos ahora un marco conceptual, el denominado "modelo estándar", que describe de forma unificada todas las partículas y las fuerzas fundamentales.

Así que estamos en el año 2020 después de Jesucristo. Todas las fuerzas fundamentales están unificadas por la mecánica cuántica... ¿Todas? ¡No! Una fuerza resiste todavía y siempre a la unificación. Es la gravedad (¡me gusta Asterix!).

Historia

En el transcurso del libro, hablaremos de Newton, Einstein, electromagnetismo, mecánica de fluidos, Hubble, radiación de fondo microondas, etc. Resulta interesante situar en el tiempo estos protagonistas. El diagrama siguiente lo hace de forma muy esquemática.

Siglos

XVI
XVII
XVIII
XIX
XX

Newton Galileo Kepler (XVI–XVIII)

Mecánica de Fluidos (XIX)
Electromagnetismo (XIX)

Mecánica Cuántica
Fondo Radiación Cósmica (1964)

Relatividad Especial y General (1905, 1915)
Expansión (Hubble, 1929)
Cuerdas, Bucles, etc.

El Big Bang

Hace entre 12.000 y 14.000 millones de años, la porción del universo que podemos observar hoy medía tan solo unos pocos milímetros. Desde entonces se ha expandido desde ese estado denso y caliente hasta el vasto y mucho más frío cosmos que habitamos actualmente.[6]

Así define la NASA el famoso Big Bang. Una definición cuidadosamente estudiada. ¿No habla directamente de comienzo del universo? No, pues aún no sabemos si el Big Bang lo fue. Ya sea el universo infinito o no, la definición también vale, pues solo se refiere a la parte que podemos observar. Tampoco sabemos si el universo es infinito o no.

De entrada, cabe despejar una primera confusión. Unos, como la NASA, definen el Big Bang como ese estado denso y caliente. Un momento en la historia del universo. Pero, como veremos, la relatividad general de Einstein define un instante "cero" *anterior* al momento aludido por la NASA. Una "singularidad". Un instante "cero" en el que la densidad y la temperatura llegan al infinito. Como también veremos, esto significa simplemente que la teoría falla. Estos infinitos no son reales. Sin embargo, algunos autores definen el Big Bang como este ilusorio instante "cero". Obviamente, lo importante es entender bien las cosas, siendo el vocabulario algo secundario. Aun así, estas definiciones diferentes pueden ser fuente de confusión, y lo son. Así que, seguiremos a la NASA y llamaremos "Big Bang" a ese momento denso y caliente desde el cual el universo se está expandiendo. Ese momento sí que sabemos que existió. Para nosotros, la "singularidad" es anterior al Big Bang, una época misteriosa todavía, que algunos llaman a veces la "era de Planck".

Un estado denso y caliente por el cual pasó el universo hace miles de millones de años. De momento, es lo que hay. Sin embargo, ya es mucho. Hace tan solo 100 años, gente como Einstein pensaba que el universo era estático, inmutable, eterno[7]. Las cosas empezaron a cambiar cuando en 1929 Edwin Hubble observó que los cuerpos celestes se alejan de nosotros tanto más rápidamente cuanto más lejos están[8]. Hubble hizo las cuentas tan solo para unas decenas de estrellas. Además, se equivocó en su evaluación de las distancias. Aun así, se le reconoce como el descubridor de la expansión del universo, pues la importancia de su descubrimiento no radicaba en los números, sino en el fenómeno mismo de la expansión. Que el universo no sea estático ya era en sí revolucionario. Clavar los números era otra cosa. Un poco como cuando Galileo afirmó que "sin embargo, gira" (la Tierra alrededor del Sol). A qué distancia y con qué velocidad es otra cosa, menos importante conceptualmente. Las medidas de Hubble han sido ampliamente confirmadas y afinadas con millones de observaciones. Literalmente, millones en lugar de decenas[9].

Con Hubble se abrió una brecha en el modelo del universo estático. Una brecha que nunca se ha cerrado, ni se cerrará. Hoy en día las medidas se han multiplicado y afinado. El descubrimiento de Hubble está ampliamente confirmado: los cuerpos celestes se alejan de nosotros tanto más rápidamente cuanto más lejos están. El universo está en expansión. No es estático.

Obviamente, las observaciones de Hubble no bastaron para establecer la expansión. Los físicos son gente prudente. Comprobaron, por ejemplo, que sus medidas no podían explicarse de otro modo que por una expansión. Hubble había medido la velocidad de recesión de "sus" estrellas mediante una técnica similar al método "Doppler" usado por los radares de la policia[10]. Aunque es un efecto sencillo y bien conocido, la gente se preguntó si las observaciones implicaban de verdad un movimiento relativo, es decir, si podían explicarse por otra causa que un alejamiento. El físico suizo Fritz Zwicky, por ejemplo, ya en 1929, pensó que si las estrellas estaban lejanas, su luz podría perder energía durante su viaje hacia la Tierra, mimetizando así el efecto Doppler y dándonos la impresión de un alejamiento. Fue la hipótesis de la "luz cansada". Pero no funciona. Si la hipótesis de la luz cansada fuera cierta, las imágenes nos llegarían muy difuminadas. Y no es así, nos llegan nítidas. Además, diferentes tipos de luz (frecuencias distintas) se verían afectadas de forma diferente por el "cansancio", y no era el caso. Había que rendirse: Hubble había detectado una expansión.

Hubble halló un indicador importantísimo, pero faltaba confirmarlo. Faltaba rematar la faena. La primera confirmación vino de la teoría de la relatividad general de Einstein. La segunda, de la denominada radiación de fondo microondas y la tercera, casi al mismo tiempo que la segunda, de un bicho denominado "nucleosíntesis primordial".

La relatividad general

En 1687, Isaac Newton publicó sus *Principia Mathematica*, donde enunciaba sus famosas leyes. Una tiene que ver con la reacción de un cuerpo a una fuerza. Si aplico tal fuerza sobre esta pelota, ¿cómo va a reaccionar? ¿Cómo se va a mover? Otra ley tiene que ver con la fuerza de la gravedad. Newton enuncia cómo varía la misma entre dos cuerpos: según la masa de ambos y la distancia que los separa. La primera, entonces, nos dice cómo se mueve un cuerpo bajo la acción de una fuerza, mientras que la segunda especifica precisamente el valor de la fuerza gravitatoria. En consecuencia, Newton consiguió calcular la trayectoria de un cuerpo sometido a la gravedad de otro. Si uno de los cuerpos involucrados es un planeta y el otro es el Sol, se obtiene una descripción matemática de la órbita del planeta. ¡Y triunfo!, sus cálculos cuadraron perfectamente con las observaciones que Johannes Kepler había hecho 80 años antes. Los planetas describen órbitas elípticas alrededor del Sol.

Entonces, ¿todo perfecto? Casi. En torno al 1800, al comparar con más exactitud los cálculos de Newton con las observaciones, los astrónomos se dieron cuenta de que no cuadraban perfectamente en el caso del planeta Urano. ¿Qué hacer entonces? ¿Se equivocó Newton? En casos similares, tenemos tres opciones, todas de sentido común:

1. Las observaciones están equivocadas.
2. Las leyes de Newton son correctas, pero los cálculos están mal hechos por alguna razón aún desconocida.
3. Las leyes de Newton están equivocadas.

Descartar la primera opción es fácil: los astrónomos vuelven a observar por separado, y luego comparan. Si todo el mundo, después de haber comprobado una y otra vez, sigue viendo lo mismo, es que las observaciones son correctas. De lo contrario, al contrastar una y otra vez los resultados de diferentes observaciones, terminaría por aparecer el fallo. En el caso de Urano, las observaciones estaban bien. La opción primera quedó descartada.

Quedaban las otras dos. La segunda es la más fácil de explorar, ya que no hay que cuestionar a Newton para comprobarla, no hace falta inventarse otra ley. Seguimos dentro del marco de Newton. Siguieron, pues, con esta opción. En 1846, el astrónomo francés Urbain Le Verrier se dio cuenta de que la anomalía de Urano puede explicarse con las mismas leyes de Newton, si más allá de su órbita existiera otro planeta aún desconocido[11]. Sobre el papel, funciona muy bien: tengo el Sol aquí y a Urano allí, con su órbita especial. Si supongo que más allá de Urano gira otro planeta con una órbita especificada por el cálculo, su influencia sobre Urano, puramente newtoniana, explicaría perfectamente las acrobacias de este.

Terminados los cálculos, ¿qué dictaría el sentido común? Obviamente, contrastarlos con las observaciones. Es exactamente lo que pasó. Le Verrier dijo al astrónomo alemán Johann Galle algo así como: "En la noche del 23 al 24 de septiembre de 1846, mire usted con su telescopio en tal dirección. Debería haber un planeta". Galle lo hizo y encontró el planeta anunciado, en el sitio anunciado. Nuevo triunfo de la teoría de Newton. Se podían descubrir objetos reales confiando en sus leyes. "Si Newton tiene razón, entonces esto debe ser así". Una pauta que se repetiría en numerosas ocasiones.

Entonces, ¿todo perfecto? De nuevo, casi. La primera anomalía, la órbita de Urano, tenía que ver con un planeta muy alejado del Sol. Pero había otra anomalía, esta vez con Mercurio, el planeta más cercano al Sol[12].

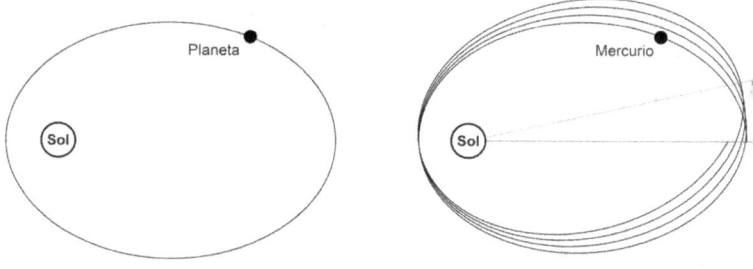

Según Newton, la trayectoria de un planeta es una elipse (izquierda). Pero la órbita de Mercurio es como una elipse que gira muy lentamente (derecha). Las figuras están muy exageradas para mayor claridad.

Según se ve en la figura, la elipse de su órbita no se cierra exactamente sobre sí misma, sino que gira muy lentamente. Un giro de tan solo 0,16 grados por siglo, pero un giro. Cabe destacar la precisión de las medidas de la época, y la actitud de los astrónomos. 0,16 grados es el ángulo bajo el cual se ve una pelota de fútbol desde 40 metros. Y hablamos de tal giro por *siglo*. No es para tanto. Pero nadie dijo: "¿0,16 grados por siglo? Esto no es nada. Newton tiene razón otra vez, y ya está". No. Había un problema.

Para complicar las cosas, Hubert Le Verrier, otra vez él, demostró en 1859 que ese giro no podía explicarse por la perturbación gravitacional de ningún otro planeta conocido. Recordando la lección de Urano, los astrónomos intentaron de nuevo la hipótesis de un planeta desconocido para explicar esta anomalía de la órbita de Mercurio. Incluso llegaron a llamarlo "Vulcano". Pero, en este caso, nadie consiguió encontrar el hipotético planeta. Cuando Le Verrier murió en 1877, casi había terminado la búsqueda, y el ambiente era más bien: "Newton no puede explicar la órbita de Mercurio. Toca la opción tercera. Nos falta algo fundamental". Ese algo fundamental lo traería Einstein en 1915, casi 40 años después.

Einstein llegó en medio de varias crisis abiertas en física. Como acabamos de comentar, la órbita de Mercurio no se podía explicar por las leyes de Newton. Pero había más. Las leyes del electromagnetismo, las denominadas ecuaciones de Maxwell publicadas en 1865, que tratan de los campos eléctricos y magnéticos y de su relación con las corrientes y las cargas eléctricas, chocaban con las leyes de...¡Galileo!, nada menos.

¿Por qué? Lo vemos con la ayuda de la siguiente figura.

Si María anda a 5 km/h por el tren, Pedro la ve pasar a 55 km/h desde el anden

Si María enciende su linterna en el tren, ella verá la luz moverse a 300.000 km/s.
Y Pedro, ¿acaso la vera moverse a 300.000 km/s + 50 km/h? No. También la vera moverse a 300.000 km/s.

Según Galileo, si María anda a 5 km/h en un tren que corre a 50 km/h, Pedro, desde el andén, la ve pasar a 55 km/h. Las velocidades se suman. Tiene sentido, ¿no? Y la medición de la velocidad de María ratifica ese resultado.

Ahora bien, supongamos que María, de pie en el tren, enciende una linterna. Ella ve la luz moverse a 300.000 km/s. ¿A qué velocidad ve Pedro, aún en el andén, moverse la luz de la linterna de María? Sumando las velocidades, Pedro debería medir 300.000 km/s + 50 km/s, ¿no? Es lo que piden Galileo y el sentido común. Sin embargo, esto choca con Maxwell. ¿Por qué? Porque según Maxwell, la luz siempre va a la misma velocidad, venga de donde venga, y haga lo que haga el que mide su velocidad.

Resumiendo, según Galileo, Pedro debería medir 300.000 km/s + 50 km/h. Un poco más que María. En la práctica, sin embargo, Pedro mide 300.000 km/s, lo mismo que María, como había predicho Maxwell. Extraño pero cierto, sentencia la naturaleza, en contra de lo que parece dictar el sentido común.

Tocaba, pues, entender por qué Newton no podía explicar la órbita de Mercurio, y por qué Maxwell y Galileo se contradecían[13]. Einstein empezó corrigiendo a Galileo con la relatividad especial en 1905, y siguió con Newton, con la relatividad general, en 1915.

¿Cómo? Veámoslo.

Las predicciones de una teoría son el fruto de sus hipótesis de partida. Entre dichas hipótesis y las predicciones están las *mates*, que son intratables. Si el mundo es lógico, entonces cuando tengo dos euros en mi cuenta bancaria y pongo dos más, tendré un total de cuatro (a veces algunos lo tergiversan, pero nunca con su banquero). Las *mates* involucradas en la deducción de resultados pueden ser más elaboradas, pero se repite el mismo patrón. Dadas ciertas hipótesis, las *mates* conducen de forma inevitable a ciertas conclusiones. Como escribió Galileo: "La filosofía [natural] está escrita en ese grandioso libro que tenemos abierto ante los ojos (quiero decir, el universo)..., escrito en lenguaje matemático".[14]

Entonces, si una consecuencia de las hipótesis de Galileo no se cumple (la suma de las velocidades), es que al menos una de sus hipótesis está equivocada, es decir, que el mundo real no funciona así. ¿Cuál es la hipótesis que Einstein iba a tumbar? Que el tiempo medido en el tren es el mismo que el tiempo medido en el andén. Una suposición muy inocente por cierto, muy intuitiva, y que se cumple ampliamente mientras nada se mueva a una velocidad comparable a la de la luz. Pero para velocidades cercanas a la de la luz, 300.000 km por segundo, dichos efectos son perfectamente detectables.

Hoy en día, por ejemplo, podemos mantener partículas girando en un acelerador circular durante horas, cuando esas mismas se desintegran en cuestión de minutos cuando no se mueven. Cuando corren, el tiempo pasa más lento para ellas que para el observador, de modo que un minuto para ellas puede ser una hora para el observador.

Einstein publicó su teoría de la relatividad especial en 1905, demostrando que, al contrario de lo que se pensaba desde siempre, el tiempo no es absoluto. Es relativo. Cabe notar que mi atribución de dicha teoría a Einstein es una importante simplificación. La historia nos muestra que otros, como Henri Poincaré, Hendrik Lorentz o Hermann Minkowski, tuvieron un papel importante en el desarrollo de la teoría[15].

Quedaba modificar la teoría de Newton para explicar la órbita de Mercurio. Y así llegamos a la relatividad general. En este caso, Einstein cuestionó otra hipótesis. Después de haber renunciado a la uniformidad e inmutabilidad del tiempo para decidir entre Galileo y Maxwell (ganó Maxwell), demostró que hacía falta renunciar a la uniformidad e inmutabilidad del espacio para decidir entre Newton y Mercurio (ganó Mercurio, porque siempre gana la realidad).

Hasta Einstein, el espacio y el tiempo eran el marco inmutable en el que suceden todos los eventos. El escenario impasible del teatro donde se juega la historia del mundo. Después de Einstein, el espacio-tiempo forma parte de la obra misma. Se vuelve un objeto físico más que se puede deformar, estirar o comprimir a causa de la materia. Según la famosa fórmula del físico estadounidense John Wheeler (1911-2008),

> "El espacio-tiempo dice a la materia cómo moverse. La materia dice al espacio-tiempo cómo doblarse".[16]

Obviamente a nadie le resulta fácil imaginarse la curvatura de nuestro espacio de 3 dimensiones. Pero si representamos nuestro espacio como un mantel de 2 dimensiones, es más fácil. El espacio de Newton es un mantel plano. El espacio de Einstein es un mantel donde el Sol, por ejemplo, deja su huella, curvando en mismo mantel.

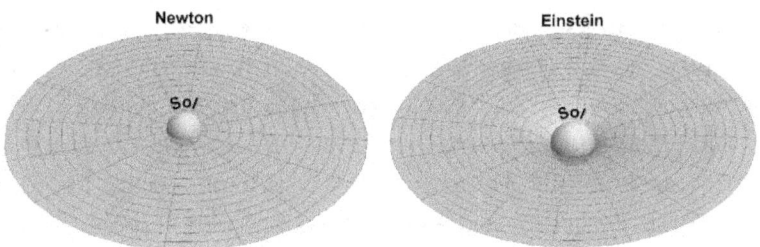

Según Newton, el mantel es plano. Según Einstein, la masa del Sol dobla el mantel.

Según el gigante (científico) ruso Lev Landau (1908-1968),

> "la relatividad general es probablemente la más bella de todas las teorías físicas existentes. Es notable que haya sido desarrollada por Einstein de manera puramente deductiva y que solo más tarde haya sido comprobada por observaciones astronómicas".[17]

Después de haber establecido las ecuaciones matemáticas de su teoría, Einstein las aplicó inmediatamente a la órbita de Mercurio... y encontró el resultado esperado. Conforme a las observaciones, su teoría preveía una órbita elíptica que gira muy lentamente... ¡y a la velocidad esperada! ¿Por qué, entonces, se "equivocó" Newton solo con Mercurio? Porque Mercurio está muy cerca del Sol, sometido a un campo gravitacional solar más intenso que los demás planetas, por lo que su desviación con respecto a la previsión de Newton se puede detectar más fácilmente.

Aquí hay algo importante que debemos entender: las orbitas predichas por Einstein siempre difieren de las newtonianas. Pero con las técnicas observacionales del siglo XIX, la diferencia entre ambas solo se había detectado en el caso de Mercurio. Ahora, con observaciones aún más precisas, se han podido detectar deviaciones de las orbitas newtonianas para los dos siguientes planetas más cercanos al Sol, es decir, Venus y la Tierra[18]. Y la relatividad general cuadra muy bien con las observaciones. Para planetas aún más alejados, Newton predice las orbitas correctas con una precisión mayor que la precisión de las observaciones.

No es que "aquí Newton tiene razón, y allí Einstein". Sino que, cuanto más intenso es el campo gravitacional, más diferencia hay entre las previsiones de Newton y Einstein. Del mismo modo, el tiempo siempre pasa más lento para partículas que giran dando vueltas que para el científico que las está mirando. Pero, aunque se muevan a 1.000 km/h, una hora para el científico es una hora menos 0,000.000.001 segundos para la partícula. Difícil darse cuenta. La diferencia solo se vuelve significativa para velocidades cercanas a la de la luz. Para las velocidades alcanzadas en nuestra experiencia cotidiana, la diferencia es indetectable. Por eso, tanto Galileo como Newton supusieron el tiempo inalterable, universal, fluyendo con la misma perfecta regularidad para todo el mundo. No tenían forma alguna de darse cuenta de lo contrario.

A parte de explicar la órbita de Mercurio, la relatividad general conoció otro éxito temprano. Si las masas curvan el espacio-tiempo, entonces el Sol debe curvar el espacio-tiempo. Según se puede apreciar en la figura, un rayo de luz que pase cerca del Sol debe desviarse un poco. Ya en 1915, Einstein había calculado el ángulo de la desviación.

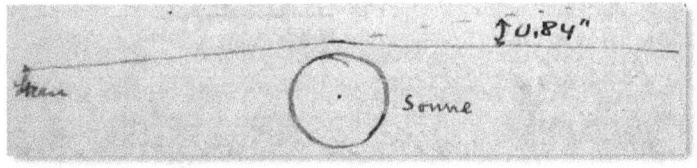

Boceto de Einstein en una carta al astrónomo estadounidense George Hale, con fecha 14 de octubre de 1913. Explica cómo el Sol ("Sonne", en alemán) curva la luz que pasa cerca de él. El ángulo de desviación está en "segundos de arco". Convertidos a grados, 0.84 segundos de arco son tan solo 0,0002 grados. En 1915, Einstein se dio cuenta de que el resultado correcto era el doble[19], lo que sigue siendo un valor pequeño.

Pero, ¿cómo comprobarlo? Bastaba con observar una estrella cuando está cerca del Sol y cuando está lejos del mismo. Desde nuestro punto de vista, si el Sol desvía la luz de la estrella, la posición aparente de esta debería cambiar un poco cuando su luz pasa cerca del Sol. Se llama "espejismo gravitacional". El mayor problema para comprobarlo es que el Sol es tan luminoso que no hay forma de observar estrella alguna que esté cerca. La solución era esperar a un eclipse que ocultara el Sol, haciendo posible una observación precisa de las estrellas que lo rodean. Es exactamente lo que hizo Arthur Eddington en 1919 cuando montó una expedición a la isla de Príncipe, a unos 200 km de las costas de Guinea Ecuatorial, para observar el eclipse del 29 de mayo[20]. Midió cuidadosamente la posición de una estrella cuando se hallaba lejos del Sol. Luego midió la posición de la misma estrella, pero cuando se encontraba cerca del Sol (eclipsado este por la luna, pues si no, su brillo impediría ver la estrella), y encontró que, efectivamente, su posición aparente sobre el fondo de estrellas fijas había cambiado[21]. Einstein se volvió una estrella mediática de un día para otro.

Desde entonces, la relatividad general ha pasado con éxito las numerosas pruebas observacionales a las que se la ha sometido[22]. Con las técnicas modernas ultra precisas de medición del tiempo, incluso se ha podido comprobar en el laboratorio otra de sus predicciones: el tiempo pasa más lento cerca de una masa. El resultado fue publicado en la revista *Nature* en 2010[23]. Detalle interesante, uno de los autores del estudio, Steven Chu, Nobel de Física 1997, fue Secretario de Energía de Barack Obama mientras trabajaba sobre esta investigación. Que Matthew McConaughey, en la película *Interstellar* (2014), se perdiera la juventud de su hija por haber pasado 3 horas cerca de una masa enorme, no es ciencia ficción.

También el espacio-tiempo puede vibrar como un flan. Tales vibraciones se propagan a la velocidad de la luz. Son las "ondas gravitacionales". Predichas por Einstein en 1916, fueron detectadas en 2016.

Sin la relatividad general, su GPS perdería unos 10 km de precisión al día[24], ya que el tiempo pasa un poco más lento en su coche que en los satélites del sistema GPS que orbitan la Tierra a una altitud de unos 20.000 km. La relatividad general forma ahora parte de nuestra vida cotidiana.

El Big Bang y la relatividad general
Podemos ahora volver al Big Bang. Como decíamos anteriormente, el espacio-tiempo, que Galileo y Newton pensaban fijo, es en realidad maleable. Puede deformarse, hincharse o comprimirse. Mientras Einstein aplicaba su teoría a la órbita de Mercurio y a la desviación de la luz que pasa rozando el Sol, muchos, incluido él mismo, pensaron en aplicar la relatividad general al universo entero. Cuatro nombres han quedado para la historia al respecto. De forma independiente, el ruso Alexander Friedmann en 1924, el sacerdote belga Georges Lemaître en 1927, el americano Howard Robertson en 1928 y el británico Arthur Walker en 1933, encontraron la misma solución a las ecuaciones de Einstein para el universo entero[25].

Dicha solución depende de manera crucial de una densidad crítica dada por la teoría. Si la densidad de materia[26] en el universo es *superior* a este valor crítico, dos puntos del espacio arbitrariamente elegidos empiezan alejándose el uno del otro hasta que su distancia alcance un máximo, a partir del cual volverán a acercarse, hasta tocarse. Si nuestro universo fuera la superficie de un globo, podríamos comparar esta solución al globo que se hincha y que alcanza un tamaño máximo antes de deshincharse. En cambio, si la densidad del universo es *inferior* al valor crítico, dos puntos arbitrariamente elegidos del espacio se alejarán el uno del otro... indefinidamente. En este caso, el globo nunca deja de crecer.

La imagen del globo hinchándose es bastante buena y se usa a menudo en divulgación científica sobre el Big Bang. Puede que su autor no sea otro que Arthur Eddington ya que, buscando ilustrar cómo la expansión del universo podía alejar dos galaxias, en 1930 dijo: "Es como si estuvieran incrustadas en la superficie de un globo de goma que se está inflando constantemente".[27] La imagen del globo transmite muy bien un hecho importante: dos galaxias pegadas al globo se alejan porque el espacio mismo se está hinchando como se muestra en la figura siguiente.

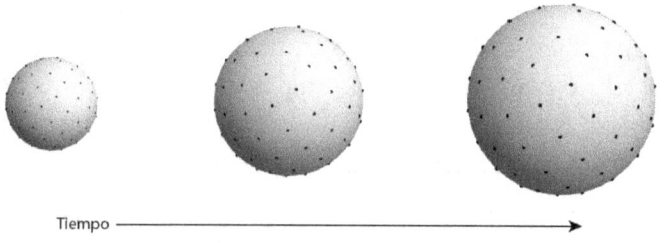

Tiempo ⟶

Cuando el globo se hincha, los puntos pegados al globo se alejan los unos de los otros.

Ahora podemos entender por qué la relatividad general encajó tan bien con las observaciones de Hubble.

Hubble observó que cuanto más distantes están las estrellas, más rápidamente se alejan. Incluso estimó que la velocidad de recesión es proporcional a la distancia. Pues bien, Friedman y compañía encontraron que la relatividad general predecía exactamente lo mismo. Ya sea que la densidad del universo sea menor o mayor que la densidad crítica, sus cálculos demostraban que el universo siempre tenía que pasar por una fase de expansión, durante la cual dos puntos se alejaban el uno del otro y, cuanto más alejados entre sí, más rápidamente. Además, según la teoría, y conforme a las observaciones de Hubble, ¡la velocidad de recesión era proporcional a la distancia!

Resumimos. Por un lado, Hubble observó que las estrellas se alejan de nosotros tanto más rápidamente cuanto más lejos están, siendo la velocidad de recesión proporcional a la distancia. Por otro lado, según la relatividad general, el universo, sea cual sea su densidad, tiene que haber pasado por una fase de expansión. Una fase durante la cual dos puntos cualesquiera se alejan tanto más rápidamente cuanto más distantes están, siendo la velocidad de recesión proporcional a la distancia. La relatividad general predice precisamente lo que observó Hubble.

El "Big Bang" estaba lanzado.

Ya en 1917, Einstein podría haber sido (¡también!) el padre del Big Bang. Pero no. Él buscaba un universo estático, por lo que modificó un pelín sus ecuaciones para que tal resultado fuera matemáticamente posible[28]. Sus razones eran más bien ideológicas. Según escribió en torno a 1945[29], después de su "conversión" al universo no estático en 1931[30], la "hipótesis [de un radio del universo independiente del tiempo] me parecía a la sazón inevitable, pues por aquel entonces pensaba que, de apartarnos de ella, se caería en especulaciones sin límite". Posteriormente, consciente de su error, declaró que dicha modificación fue "el mayor error" de su vida[31]. Tenemos aquí una primera evidencia del peso de los prejuicios ideológicos sobre este asunto. Einstein supo deshacerse de los suyos frente a las observaciones. Como veremos más adelante, los prejuicios ideológicos son fuente de mucha confusión en estos asuntos.

Radiación de fondo cósmico y nucleosíntesis primordial

Los científicos son gente prudente. Bien. La relatividad general predice una fase de expansión. Bien. Hubble observa una expansión. Bien. Pero, ¿qué otras pruebas podemos encontrar? Enseguida las empezaron a buscar. Y las encontraron. La estrategia de búsqueda era clara: rebobinar la película del universo y encontrar eventos pasados que deberían haber dejado rastros observables hoy en día.

Si el universo está en expansión, en la película al revés se contraerá: las galaxias se acercan cada vez más, hasta que se funden en una sopa de materia. Igual que si pongo 100 pollos en un corral y no dejo de achicar el corral: terminaré con un caldo de pollo. Cuanto más rebobinamos la película, más denso y caliente es el universo. Pronto la temperatura despoja a los átomos de sus electrones. A estas alturas, tenemos una sopa de núcleos atómicos (formados por protones y neutrones), electrones y luz. A los electrones les gustaría volver a girar en torno a los núcleos, pero hace demasiado calor. No consiguen instalarse. Es como si electrones y núcleos intentaran bailar un lento en un concierto de música heavy metal. Aún más calor, más atrás en el tiempo, y serán los núcleos atómicos los que no sobreviven. Sus constituyentes, protones y neutrones, van por libre. Aún más calor, y le llega el turno a los protones y neutrones: se descomponen, y son los quarks que los constituyen los que van por libre. Es como romper una casa de Lego. Cuanto más fuerte pego, más pequeños son los fragmentos. Aún más calor, más atrás en el tiempo, y... no podemos saber lo que pasa. Perdemos la pista. Volveremos a hablar del tema.

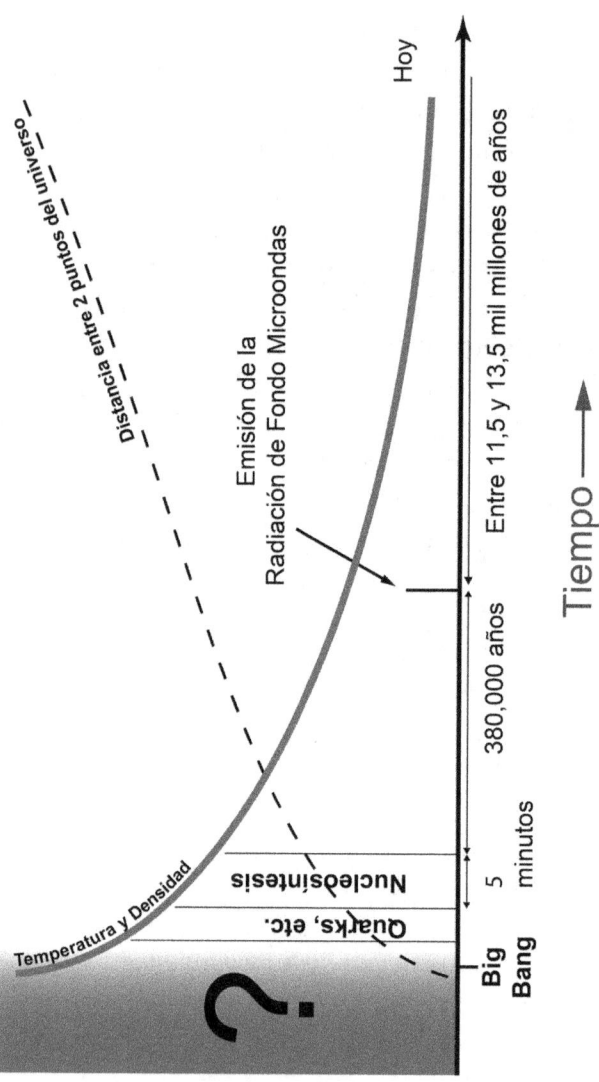

Historia del universo. No a escala, claramente. La temperatura y la densidad bajan con el tiempo mientras la distancia entre dos puntos aumenta. El Big Bang es este momento muy denso y caliente, poco antes de la época "Quarks, etc.". La física conocida hoy en día no nos permite remontar más atrás en el tiempo. La zona gris a la izquierda indica nuestro grado de ignorancia. Cuanto más oscuro, más especulativo.

La figura representa la historia del universo de forma muy esquemática. Como veremos más adelante, la época anterior a los "Quarks, etc." es tierra desconocida.

Con las leyes de la física conocidas en los años 1930, no era posible remontarse a la sopa de quarks[32], pero sí a la sopa de protones, neutrones y luz, y a la "nucleosíntesis". Volviendo a pasar la película en el sentido correcto, gente como el ruso George Gamow[33] o los americanos Ralph Alpher y Robert Herman encontraron a finales de los años 1940 dos acontecimientos que debían haber dejado rastros observables hoy en día.

La nucleosíntesis primordial

Partimos de una sopa de protones y neutrones muy calientes. Mientras el calor se mantiene sumamente alto no se pueden formar núcleos de átomos, se destruirían inmediatamente. Pero con la expansión del universo, la temperatura baja y llega un momento cuando los núcleos formados por fusión, por ejemplo helio (2 protones + 2 neutrones), no se destruyen. Permanecen tal cual. Sigue bajando la temperatura con la expansión del universo y llega otro momento a partir del cual hace demasiado "frío" para formar núcleos. Los protones, repelidos por la fuerza electromagnética, ya no pueden acercarse suficientemente a los núcleos como para fusionar. No pueden subir la cuesta aludida en el primer capítulo. Hace demasiado "frío". Es decir, ¡menos de 100 millones de grados! Tal es el desafío de la fusión nuclear hoy en día. Controlar un gas a 100 millones de grados.

Tenemos, pues, una ventana temporal durante la cual se pudieron formar núcleos de átomos. Al hacer las cuentas, se ve que duró unos 5 minutos. Es poco, pero suficiente para generar cantidades enormes de deuterio (1 protón + 1 neutrón), helio-3 (2 protones + 1 neutrón), helio-4 (2 protones + 2 neutrones), y litio-7 (3 protones + 4 neutrones). Puesto que las cantidades generadas en este momento fueron muy superiores a las generadas en las estrellas desde entonces (salvo, quizás, en el caso del litio), quedaba comparar la abundancia predicha de cada uno de estos núcleos con las observaciones. Pronto veremos lo bien que funciona.

La radiación de fondo microondas

Una vez cerrada esta ventana temporal de fábrica de núcleos, terminada la denominada "nucleosíntesis primordial", el universo siguió expandiéndose y enfriándose. Sin embargo, durante miles de años, siguió siendo tan denso que la luz y la materia estaban íntimamente ligadas. Las partículas de luz eran como bolas de golf que rebotaban sin cesar entre los árboles de un bosque muy denso. El universo era opaco. Pero siguió la expansión, el universo se diluyó cada vez más, y llegó un momento cuando la luz pudo viajar sin chocar casi nunca con un átomo. Al igual que nuestra bola de golf en un campo con muy pocos árboles. El universo se volvió transparente. Este momento se alcanzó unos 380.000 años después de la nucleosíntesis. La idea se les ocurrió en 1948 a Ralph Alpher y Robert Herman[34]. Razonaron que cuando la luz y la materia se desacoplaron, la luz se propagó por sí sola. Y esta luz la deberíamos poder observar hoy en día. Predijeron con mucha precisión las características de dicha luz. Cuando escuchamos la radio, una luz que no vemos, sabemos que escuchamos tal o cual frecuencia, por ejemplo, 88.2 MHz (Radio Nacional España, Madrid) o 93,2 MHz (Radio 3, Madrid). Pues para esta luz, la radiación emitida 380.000 años después de la nucleosíntesis, Alpher y Herman predijeron la proporción de sus fotones con una frecuencia de 1 GHz, 10 GHz, 100 GHz, 1.000 GHz, etc. La proporción (intensidad) debería ser máxima para una frecuencia aproximada de 150 GHz. Esta gama de frecuencias corresponde a las "microondas" (el horno homónimo calienta la comida con radiaciones similares). Por eso, esa radiación se llamó "radiación de fondo microondas" o, también, "radiación cósmica de fondo". La función matemática que da estas proporciones (función de Planck, o cuerpo negro, es lo mismo) depende tan solo de un parámetro: la temperatura. Con la expansión del universo, esta debería haber bajado desde su liberación de la materia, y estimaron que hoy en día debía valer unos 5 grados Kelvin (-268 de nuestros grados Celsius de toda la vida). Las dos predicciones se cumplieron.

En cuanto a la nucleosíntesis primordial, se tardó bastante más en contrastar las predicciones de la teoría con las observaciones porque tanto estas como aquellas debían progresar. En la tabla siguiente comparamos las predicciones con las observaciones, según datos actuales.

Núcleos	Predicciones	Observaciones	Precisión
Helio-4	4,060	4,057	0,08%
Deuterio	37.807	39.525	-4,35%
Helio-3	95.238	90.909	4,76%
Litio-7	2 020 millones	6 329 millones	-68,08%

Número de núcleos de hidrógeno por cada núcleo de helio-4, deuterio, helio-3 y litio-7, según las predicciones de la nucleosíntesis primordial, y según las observaciones. La última columna da la precisión relativa de las predicciones [35].

Considerando que son cifras que podrían variar entre un par de unidades y millones de millones, el acuerdo entre predicciones y observaciones es espectacular. Muchos están trabajando en mejorar las cosas con el litio. Aquí el problema, entre otros [36], es que siendo baja la cantidad de litio fabricada durante la nucleosíntesis primordial, no tiene por qué ser despreciable con respecto a ella la que han fabricado las estrellas desde entonces [37]. Y esto resulta muy difícil de cifrar.

En cuanto a la radiación de fondo microondas, el caso es más sencillo. Se trataba de descubrir algo, medirlo, y compararlo con las predicciones. El descubrimiento, por Arno Penzias y Robert Wilson, ocurrió por casualidad en 1964 mientras ensayaban una antena destinada a detectar ondas radio, es decir, ondas en un rango de frecuencias similar al de las frecuencias del fondo microondas. Dicha antena nunca fue construida para detectar ese fondo, sino para comunicarnos con satélites. Pero algunos tienen suerte. Al manipular el aparato, Penzias y Wilson se dieron cuenta de que, hicieran lo que hicieran, siempre recibían una señal. Hicieron todas las pruebas posibles, la señal seguía igual, y en todas las direcciones. Como si una antena direccional recibiera el mismo programa radio desconocido, desde cualquier dirección. Ignoraban el origen de su hallazgo, pero por casualidad (otra vez), conocían a Bernard Burke, profesor de física en el Massachusetts Institute of Technology, quien les dijo que unos astrofísicos de la cercana Universidad de Princeton estaban trabajando sobre una radiación reliquia del pasado lejano del universo. Se conocieron, y Penzias y Wilson se percataron, para su asombro, de la importancia de su descubrimiento. 14 años más tarde, recibían el premio Nobel de física 1978.

Hoy en día, la radiación de fondo microondas ha sido medida con extrema precisión. Su forma matemática coincide casi perfectamente con las predicciones de Alpher y Herman hechas en 1948. La temperatura no es de 5 grados Kelvin, valor predicho en 1948, sino de 3 grados Kelvin.

La nucleosíntesis primordial y la radiación de fondo microondas tuvieron una infancia común. Sin embargo, la segunda tuvo más impacto a la hora de convencer a la comunidad científica de la realidad del modelo del Big Bang, debido a que el progreso de las medidas necesarias para la comprobación de la teoría de la nucleosíntesis primordial fue más lento. Hasta el descubrimiento de la radiación de fondo, quedaban astrofísicos que defendían la idea de un universo estacionario, intentando imaginar, por ejemplo, cómo podían encajar en dicho modelo las observaciones de Hubble. El descubrimiento de la radiación de fondo cambió las cosas. No solamente se trataba de una predicción del modelo del Big Bang, es que no había forma de explicar esta radiación, con su particular perfil matemático, dentro del modelo estacionario.

Con el paso de los años, la base experimental del Big Bang se ha ido reforzando cada vez más. El estadounidense James Peebles recibió el Nobel de Física 2019 por su papel clave en el asunto. Por ejemplo, se ha comprobado que a partir del gas más o menos uniforme que constituía el universo 380.000 años después de la nucleosíntesis, se formaron primero estrellas, luego galaxias y luego cúmulos de galaxias[38]. También se ha podido medir la temperatura de la radiación de fondo microondas en varias épocas, comprobando que decrece de acuerdo con las predicciones[39]. Otra "pistola humeante" ha sido encontrada más recientemente, en 2005, siguiendo la misma estrategia: pasar la película del universo al derecho desde la época de la sopa de quarks, y buscar rastros en la actualidad de algo que ha tenido que ocurrir en el pasado. Las denominadas "oscilaciones acústicas de bariones" son el rastro de ondas que se propagaron en el universo antes de la emisión del fondo de radiación cósmica, y que se corresponden con la distribución estadística actual de las galaxias en el espacio[40]. Obviamente, se trata de algo bastante abstracto que no detallaré aquí, y que ha sido posible únicamente gracias a las técnicas modernas de análisis de datos. Difícilmente Gamow, Alpher, Herman, Penzias, Wilson y sus colegas, podrían habar catalogado con precisión la posición de 46.748 galaxias.

Del mismo modo que predijeron la radiación de fondo microondas en 1949, Alpher y Herman predijeron la existencia de otro fondo en 1953: el "fondo cósmico de neutrinos"[41]. Y si la radiación de fondo microondas viene del momento en el que la luz se libró de la materia, 380.000 años después de la nucleosíntesis, el fondo cósmico de neutrinos procede del momento en el que los "neutrinos", otro tipo de partículas, se libraron de la materia, poco antes de la nucleosíntesis. Este fondo es difícil de detectar directamente porque los neutrinos son casi indetectables, pero su influencia sobre otros procesos sí ha sido detectada, de acuerdo con lo esperado[42].

Por cierto, ¿de dónde sale la edad de 13.000 a 14.000 millones de años para el universo? La respuesta precisa requiere entrar en matemáticas elaboradas. Conociendo la densidad del universo y la velocidad de expansión actuales, podemos usar la relatividad general para calcular cuándo pasó el universo por la fase "Quarks, etc.". Algo parecido a medir la posición y la velocidad de un balón de futbol en un punto de su trayectoria y calcular, a partir de esos datos, cuándo disparó el atacante. Pero hay una forma de cortocircuitar las *mates*, o casi. Vimos que la velocidad de recesión de las estrellas es proporcional a su distancia. Al factor de proporcionalidad se le denomina "H", la constante de Hubble. Pues su inversa, $1/H$, es más o menos igual a la edad del universo[43].

El consenso científico alcanza hoy a casi el 100% de los expertos. "Consenso científico"... Una expresión que aparece a menudo y que esconde algo poco conocido y, sin embargo, bastante sencillo. Antes de hablar de los enigmas planteados por el Big Bang y de la época anterior a la nucleosíntesis primordial, me gustaría explicar lo que es un consenso científico y cómo se alcanza. Lo haremos hablando de un asunto puramente geográfico y más accesible: la búsqueda de las fuentes del Nilo.

Las fuentes del Nilo y el Big Bang

"Misterioso río, ni la fábula se atreve a hablar de tu origen... La naturaleza arrojó sobre tu fuente un velo, que no ha permitido que nadie subiera". [44]

Lucano, poeta romano, año 60.

¿Qué tiene que ver el Nilo con nuestros asuntos? Ilustra la formación de un "consenso científico".

El Nilo se confunde con la historia de Egipto desde hace milenios. En el siglo V antes de Cristo, el historiador griego Heródoto escribía que Egipto es la ofrenda del Nilo[45]. Sin embargo, la localización de las fuentes del Nilo es una cosa muy diferente. Mientras la parte del río cercana al mar Mediterráneo ha sido sede de mil acontecimientos históricos, sus fuentes permanecieron desconocidas hasta el siglo XIX.

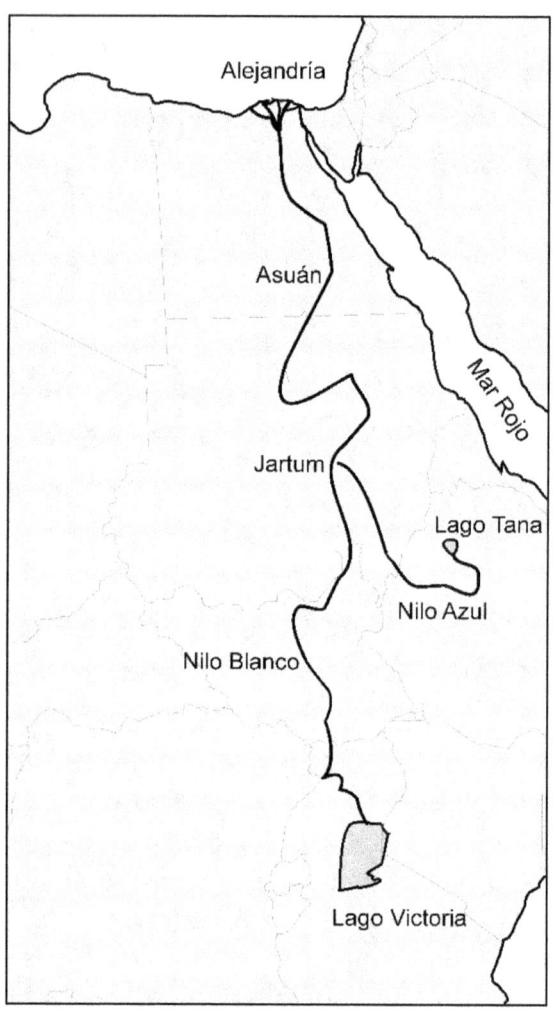

Mapa simplificado del Nilo

Como se puede observar en el mapa, el Nilo se divide en dos a la altura de Jartum, en el actual Sudán. Aguas arriba, el Nilo Azul remonta hasta el lago Tana, su fuente en Etiopía. Por otro lado, el Nilo Blanco remonta hasta su fuente mucho más al sur, el lago Victoria.

A estas alturas, déjenme resumir la historia de la búsqueda de las fuentes, tal y como la cuentan Terje Oestigaard y Gedef Abawa Firew en su libro "The Source of the Blue Nile: Water Rituals and Traditions in the Lake Tana Region".[46]

Algunos indicios nos hacen pensar que los antiguos egipcios sabían algo del Nilo Azul y del lago Tana, al tiempo que no tenían ni idea del origen del Nilo Blanco. Sin embargo, su mitología ubicaba las fuentes del Nilo en Asuán, de modo que la geografía aguas arriba no les interesaba mucho. Heródoto contó que no había conocido a nadie entre egipcios, libios o griegos que supiera algo de sus fuentes, salvo un escriba de la diosa Minerva que le habló de la isla Elefantina, cerca de Asuán. Sin embargo, cuando fue a esa isla le dijeron que el Nilo seguía hacia el sur como mínimo durante 40 días de navegación.

También Alejandro Magno mandó buscar las fuentes del Nilo, llegando a pensar haberlas encontrado cerca del río Indo... ¡en la India! Al parecer, los geógrafos helenos tomaron la coincidencia temporal de las temporadas de lluvias intensas en ambos lugares como un índice de conexión física. Esta idea perduró durante siglos, al menos hasta el siglo VI, cuando el historiador bizantino Procopio de Cesarea escribió: "El rio Nilo fluye desde la India hasta Egipto".

Mientras tanto, Juba II (50 a.C. – 23 d.C.), rey de Mauritania (ahora Marruecos y Argelia), declaró haber descubierto las fuentes del Nilo en la cordillera del Atlas al noroeste de África[47].

Puede que el griego Claudio Ptolomeo (siglo II) haya sido el primero en acercarse razonablemente a la realidad. Acertó atribuyendo las fuentes del Nilo Azul al lago Tana, mientras que, según él, el Nilo Blanco seguía hacia el sur, hasta sus fuentes en los legendarios "Montes de la Luna".

Se considera que el primer europeo en visitar y describir las fuentes del Nilo Azul fue el misionero jesuita español Pedro Páez, en torno a 1615. Otro jesuita, el portugués Jerónimo Lobo, le siguió en 1629. Sin embargo, estos exploradores no alcanzaron las fuentes remontando el Nilo, sino yendo directamente a por ellas desde el mar Rojo[48]. El inglés James Bruce siguió más o menos sus huellas en los años 1770, e intentó desacreditar a Páez y Lobo cuando se enteró de sus viajes, anteriores al suyo. Sin embargo, se puede decir que el consenso sobre las fuentes del Nilo Azul se formó en este momento.

En cuanto al Nilo Blanco, hizo falta esperar un siglo más. El explorador británico John Speke descubrió el lago Victoria en 1858. Fue él mismo quien le dio el nombre de su reina, la reina Victoria. Speke consideró haber encontrado las fuentes, pero Sir Richard Burton, quien le había acompañado al principio de su expedición, opinó que la cuestión aún no estaba resuelta. La controversia científica surgida captó la atención de la sociedad y suscitó más expediciones. Finalmente, fue Henry Stanley quien confirmó en 1875 el hallazgo de Speke. Fue durante esta expedición que encontró a David Livingstone cerca del lago Tanganica y le saludó con la pregunta *so british*: *"Dr. Livingtstone, I presume?"*.

Así se resolvió el enigma de las fuentes del Nilo después de miles de años de búsqueda. A continuación se enseña un mapa simplificado de las opciones barajadas a lo largo de los siglos.

¿Qué tiene que ver esto con el Big Bang?

No creo que, de por sí, las fuentes del Nilo tengan mucho que ver. Pero constituyen una ilustración muy clara de cómo se alcanza un consenso, y eso sí que tiene que ver con el Big Bang.

Hemos visto que muchos buscaron estas fuentes a lo largo de milenios. Mucho antes de que se hallaran, hubo leyendas e hipótesis (India, noroeste de África, Montes de la Luna…) que solo cesaron cuando se encontraron las verdaderas fuentes. Hasta el primer encuentro con las auténticas fuentes del Nilo Blanco (el viaje de John Speke) fue un tema debatido, pues siempre hubo muchos que quedaron insatisfechos y pidieron más expediciones.

Solo se alcanzó un consenso cuando los exploradores involucrados en la búsqueda fueron convencidos por las comprobaciones del testimonio de Speke. Puede que aún quedara un par de escépticos en la "Royal Geographical Society" de Londres o en la "Société de Géographie" de París, pero la gran mayoría quedó convencida. A lo largo de los siglos que duró la búsqueda, nuestros curiosos no se dijeron: "Estamos hartos de tanta búsqueda. Un par de milenios está bien. Elijamos unas fuentes, y ya está". Tampoco pensaron: "Puede que estén allí las fuentes. Pues, digamos que están y basta". Tampoco votaron. La realidad no depende de un voto. Simplemente, comprobaron todo lo que pudieron comprobar y, una vez hecho esto, se quedaron convencidos, incluso antes de que se navegara el Nilo de principio a fin, lo cual solo ocurrió en 2004[49].

De hecho, el método de búsqueda se acercó bastante al que usamos para buscar nuestras llaves cuando las perdemos. ¿Dónde estarán? ¿En mi bolsillo? Y lo compruebo. No, no están aquí. ¿En el coche? Tampoco. Y así hasta que demos con ellas.

El consenso en torno al Big Bang se elaboró de una forma similar. La mera observación de la expansión por Hubble en 1929 no convenció a todo el mundo. Solo fue un indicio. Tampoco las soluciones de las ecuaciones de Einstein encontradas por Friedman, Lemaître, Robertson y Walker zanjaron el asunto, ya que se hallaron otras soluciones a esas mismas ecuaciones que describen un universo estático[50]. La idea de un universo estático o estacionario le hizo la competencia al Big Bang hasta el descubrimiento de la radiación de fondo en 1964. Hoy día, la inmensa mayoría de los cosmólogos piensa que hubo un Big Bang en el pasado, no porque en Harvard o Princeton haya carteles prohibiendo lo contrario, sino porque es la única teoría que encaja con todas las observaciones.

Cabe notar que todas las pruebas del Big Bang son observaciones de efectos esperados. Por su parte, el Big Bang puede deducirse de la expansión por sí sola: si las estrellas se están alejando, entonces en la película al revés llegaran a tocarse. Y ya está.

Mas adelante hablaremos de los agujeros negros. Como veremos, el consenso acerca de su existencia ha seguido unas pautas similares.

¿Es exactamente del 100% el consenso entre los astrofísicos? No. Un consenso nunca alcanza exactamente el 100%. Sé de un profesor de universidad que es geocentrista (piensa que el Sol gira alrededor de la Tierra). ¿Acaso implica que no hay consenso científico sobre el heliocentrismo? Claro que sí lo hay. Sé de un físico que cree que la relatividad especial de Einstein está equivocada. ¿A caso quiere decir que no hay consenso científico al respecto? Claro que sí lo hay. Sé de un doctor en historia antigua que piensa que Jesús nunca existió. ¿A caso no hay consenso entre los historiadores sobre la historicidad de Jesús? Claro que sí lo hay[51].

¿Por qué es geocentrista este profesor? ¿Por qué niega la relatividad este físico? ¿Por qué niega la historicidad de Jesús este doctor en historia antigua? ¿Por qué siempre queda alguien que niega la evidencia? Son preguntas para los psicólogos. No estamos hablando del rebelde valiente, del espíritu libre que se queda solo para gritar: "¡el rey está desnudo!". Más bien hablamos de cierta negación de la realidad, muy estudiada en la actualidad en relación con la negación del cambio climático o con la epidemia de "fake news" en Internet. Una negación, en general, de origen ideológico[52].

Cuando se ha comprobado todo una y otra vez, cuando se han predicho varios fenómenos que luego se observaron, la gente razonable se rinde. Einstein, inicialmente partidario del universo estático, se rindió. Entre los héroes de la ciencia del siglo XX, George Lemaître era cristiano, Abdus Salam, Nobel de Física 1979, musulmán, Steven Weinberg, también Nobel de Física 1979, ateo, mientras que el genio matemático Srinivasa Ramanujan atribuía sus descubrimientos a la inspiración de una diosa hindú[53]. Pero 2 más 2 son 4 para todo el mundo. No hay matemáticas ni física ateas, teístas, de derechas o de izquierdas, del mismo modo que no hay natación atea, teísta, de derechas o de izquierdas. Según escribió George Lemaître,

> *En cierto sentido, el investigador [creyente] se abstrae de su fe en su investigación, no porque su fe podría obstruirlo, sino porque no tiene nada que ver con su actividad científica. Así mismo, un cristiano no se comporta de manera diferente que un incrédulo cuando se trata de caminar, correr o nadar.*[54]

Los enigmas del Big Bang..., que no son del Big Bang

Volvamos ahora al Big Bang y a su definición según la NASA:

Hace entre 12.000 y 14.000 millones de años, la porción del universo que podemos observar hoy medía tan solo unos pocos milímetros. Desde entonces se ha expandido desde ese estado denso y caliente hasta el vasto y mucho más frío cosmos que habitamos actualmente.

El "estado denso y caliente" al que se refiere la definición es ligeramente previo al intervalo de la nucleosíntesis primordial anteriormente comentado (durante el cual hacía suficiente calor como para fusionar núcleos atómicos). Antes de este intervalo, hacía aún más calor, demasiado para que los quarks pudieran unirse y formar neutrones y protones. Y antes, con más calor aún, la física que conocemos se pierde cada vez más[55]. El estado denso y caliente al que se refiere la NASA debe de ser esta sopa de quarks, tan caliente que ni los protones y los neutrones se pueden formar. Tal sopa sí que la podemos estudiar, ya que se ha podido reproducir en aceleradores de partículas[56].

Pero la fase previa, aún más densa y caliente, no es accesible a los experimentos, por lo que nuestras teorías se vuelven cada vez más especulativas.

El problema es que, según la relatividad general, la densidad y la temperatura del universo se hacen *infinitas* en un supuesto instante "cero". A veces se habla de "singularidad". La física que conocemos puede seguir la película hasta la escena "Quarks, etc.", pero no nos permite rebobinar más atrás. En ese punto se queda el conocimiento actual.

¿Cantidades infinitas? ¿Física desconocida? ¿Qué quieren decir estos infinitos? ¿Acaso son infinitos de verdad? No. Casos similares se han encontrado varias veces en el pasado. Siempre son la señal de que la teoría falla. Comentar algunos no puede hacer daño.

¿Van en serio los infinitos? No
Francia, 1808. El francés Siméon Poisson publica la teoría matemática de la propagación de una fuerte onda sonora. Analizando las ecuaciones, el irlandés George Stokes se dio cuenta en 1848 de que las *mates* de Poisson predicen un fenómeno extraño: cualquier onda sonora suficientemente fuerte dará lugar, con el paso del tiempo, a un salto de presión en un espacio infinitamente corto. Es como si la presión del fluido pasara de 1 a 2 atmósferas en exactamente 0 milímetros. Un salto infinitamente brusco. Como escribió él mismo, "este resultado es tan extraño…". Más tarde, en 1910, el británico Lord Rayleigh, escribiendo acerca del tratamiento matemático de estas ondas, opinaba que "por muy válido que sea, su cumplimiento no garantiza

que la onda así definida sea posible. De hecho, tal clase de ondas es ciertamente imposible"[57]. Estaban descubriendo las ondas de choque. De infancia controvertida, hoy es un fenómeno físico muy común. Una onda de choque es un salto muy abrupto de densidad, temperatura y presión que viaja por el aire, por ejemplo. Muy abrupto, por cierto, pero no "infinitamente corto" en el mundo real. Sabemos ahora que la teoría matemática elaborada por Poisson no es válida para distancias muy cortas. ¿Por qué? Porque asimila un gas a una sustancia continua. Pero a pequeña escala, no lo es. Hay que contar con su aspecto granular, fruto de su composición atómica. Visto de cerca, un gas se parece más a guisantes que a un puré. Pero la gente de la época no lo sabía. Les faltaba la "teoría cinética de los gases", elaborada y aceptada en torno a 1900, que cuenta con la composición atómica de la materia. Este infinito era una señal de que la teoría fallaba. Nada más[58].

Otro ejemplo. Inglaterra, 1900. El británico Lord Rayleigh calcula la energía emitida por un objeto a una cierta temperatura. ¿Cómo la emite? Mediante luz. Un objeto emite luz cuyo color depende de su temperatura. Por ejemplo, el metal muy caliente se vuelve rojo. Esta luz lleva energía consigo, y es precisamente esta energía la que Rayleigh calculó. Y encontró que es infinita. Otra vez algo infinito. Obviamente es imposible. Si la energía luminosa emitida por el trozo de metal que estoy calentando fuera infinita, mi casa, mi ciudad, la Tierra… ¡se quemarían al instante! De algún modo, ahora ya entendido, su teoría fallaba: le faltaba la famosa mecánica cuántica. Ese infinito, que algunos llamaron la "catástrofe ultravioleta", fue un indicador muy fuerte de que algo estaba mal en la física del siglo XIX, algo que la mecánica cuántica iba a corregir.

Por último, consideremos un tercer "infinito" de los que la historia de la física nos ofrece. Al principio del siglo XX, cuando la existencia de cargas positivas y negativas era aceptada, muchos[59] usaron las leyes conocidas (las ecuaciones de Maxwell) para calcular el campo eléctrico generado por una carga eléctrica. Puesto que un campo eléctrico lleva consigo una energía muy bien definida, calcularon la energía asociada al campo eléctrico creado por una carga eléctrica. ¡Es infinita! Dicho de otro modo, según el electromagnetismo del siglo XIX, la energía contenida en el campo eléctrico producido por una única y pobre carga eléctrica es infinita. Obviamente, esto no puede ser. Este infinito solo quiere decir que la teoría falla. Solucionar este problema iba a requerir la mecánica cuántica[60], otra vez.

Como escribe el físico alemán Martin Bojowald,

> *"...hablar de infinito como resultado de una teoría física significa sencillamente que se está abusando de dicha teoría".* [61]

Rematemos con Stephen Hawking y George Ellis,

> *"Parece un buen principio enunciar que la predicción de una singularidad por una teoría física indica que la teoría ha fallado, es decir, que*

> *ya no proporciona una descripción correcta de las observaciones".* [62]

Volvamos ahora al Big Bang.

¿Qué diremos de esta "singularidad" inicial, de esta densidad infinita alcanzada supuestamente en el hipotético momento "cero" del universo? ¿Y de esta temperatura infinita? ¿No podrían ser tan ilusorias como el salto de presión infinitamente corto, o la energía infinita emitida por un trozo de metal caliente, o la energía infinita del campo de una carga eléctrica? ¿No podrían ser la señal de que la teoría falla?

Pues sí, lo son, definitivamente.

> *"Las singularidades aparecen en las ecuaciones; no en la naturaleza. Lo que nos está diciendo esto es que la relatividad general no es una teoría válida cerca de la singularidad",*

escribe Enrique Álvarez, catedrático de Física Teórica de la Universidad Autónoma de Madrid[63]. De hecho, hay indicaciones muy claras de que la relatividad general tiene que fallar en circunstancias extremas. Por ejemplo, cuando la densidad sobrepasa cierto umbral (véase a continuación). Newton falla para velocidades demasiado altas (cercanas a la de la de la luz), o con planetas que se hallan muy cerca del Sol (Mercurio). La mecánica de fluidos del siglo XIX falla cuando se quiere aplicar en dimensiones demasiado pequeñas. El electromagnetismo del siglo XIX falla cuando calcula la energía emitida por un trozo de metal, o la energía del campo de una carga. Y la relatividad general, ¿también puede fallar? Sí, cuando tiene que lidiar con la mecánica cuántica. Y viceversa.

¿Cómo sabemos que la relatividad general y la mecánica cuántica tienen que poder casarse sí o sí? A continuación vienen unos párrafos algo técnicos. Se pueden saltar y reanudar la lectura con el párrafo encabezado por el símbolo ☺.

Las ecuaciones de la relatividad general relacionan la deformación del espacio-tiempo con la materia que contiene. Bien. Pero cuando se establecen dichas ecuaciones[64], la materia se describe de forma no-cuántica. Por ejemplo, si tengo una partícula paseando, su descripción no-cuántica la asimila a un punto de dimensión nula. Pero si hay una cosa que nos ha enseñado la mecánica cuántica, es que una partícula no es un punto. Ni siquiera una bolita. Más bien, es una "función de onda", algo mucho más elaborado que un mero punto.

Entonces, si la relatividad general no considera la materia como lo que de verdad es, si hace trampa, ¿cómo es que tiene tanto éxito experimental? Simplemente porque en todas las situaciones observacionales o experimentales estudiadas hasta la fecha, la misma naturaleza no se da cuenta de la trampa. Actúa "como si" la partícula fuera un punto. En dichas circunstancias, el radio de curvatura del espacio-tiempo es tan superior al tamaño de la función de onda involucrada que la ve como un punto. Para un elefante, una bacteria es un punto.

Sin embargo, si mi "casi-punto" se vuelve demasiado pesado, si alcanza una masa del orden de la denominada "masa de Planck", aun siendo "pequeño", la deformación del espacio-tiempo que produce es suficientemente grande para que el radio de curvatura del espacio pueda alcanzar el tamaño de la función de onda. En este caso, la relatividad general ya no puede ignorar la naturaleza cuántica de mi partícula. La naturaleza se daría perfectamente cuenta de la trampa.

¿"Masa de Planck" en un volumen "pequeño"? Eso lleva a lo anunciado: una densidad crítica, la denominada "densidad de Planck", más allá de la cual no sabemos cómo actúa la gravedad porque no sabemos unir relatividad general y mecánica cuántica.

☺ Conclusión: el Big Bang, esta fase densa y caliente por la cual el universo pasó hace unos 13.000 a 14.000 millones de años, viene de una era cuya física es *desconocida*.

Esto permite entender por qué el Big Bang plantea enigmas. Puede que el lector aficionado al tema haya oído de ellos. ¿Cómo pudo el universo inicial ser tan homogéneo? Es que según la física *conocida*, no lo pudo ser. ¿Cómo pudo el universo inicial contener solamente materia sin antimateria? Es que según la física *conocida*, debería contener tanta materia como antimateria. Y puesto que ambas se transforman en luz cuando se tocan, ahora solo debería haber luz. Y hay más, como bien recoge la sección "Problemas comunes" del artículo de Wikipedia sobre el Big Bang. Pero, una y otra vez, se trata de problemas *según la física conocida*.

Resumiendo: al pasar la película del universo al revés, llegamos a un estadio de cuya realidad tenemos muchas pruebas, pero que no entendemos porque es fruto de una época regida por una física desconocida. Los "problemas" del Big Bang no son del Big Bang. Son de antes.

Antecedentes históricos

Semejante situación no es novedad, ya ha pasado antes. Déjenme tomar un ejemplo sacado de la historia de la ciencia. Un ejemplo que enseña lo que sucede cuando faltan leyes fundamentales.

Inglaterra (otra vez), 1911. La idea de que la materia está hecha de átomos ha progresado, y Ernest Rutherford acaba de hacer un experimento que demuestra que los átomos están hechos de cargas positivas en el centro, el núcleo, con electrones alrededor. El problema es que según la física conocida en la época, relatividad especial de Einstein incluida (1905), esto es *imposible*. Los átomos no deberían existir. Conforme a la física del siglo XIX, los electrones deberían describir trayectorias espirales alrededor del núcleo hasta estrellarse en él. ¿Por qué? Porque las ecuaciones de Maxwell dicen que un electrón pierde energía cuando gira[65], de modo que al girar alrededor del núcleo, debería terminar perdiendo toda su energía. Los físicos de la época eran muy conscientes del problema, y no lo escondían para nada. Niels Bohr lo pone muy claro en un famoso artículo[66] de 1913 que daría inicio a la mecánica cuántica:

La insuficiencia de la electrodinámica clásica para explicar las propiedades de los átomos de un modelo atómico como el de Rutherford, aparecerá muy claramente si consideramos un sistema simple que consiste en un núcleo de dimensiones muy pequeñas cargado positivamente y un electrón que describe órbitas cerradas alrededor…

[Si] tomamos en cuenta el efecto de la radiación de energía … el electrón se aproximará al núcleo describiendo órbitas cada vez más pequeñas… Es obvio que el comportamiento de tal sistema será muy diferente de un sistema atómico que ocurre en la naturaleza.

¿Le molestan los problemas planteados por el Big Bang? Hace 100 años, era la existencia del mundo en sí lo que parecía imposible. Tal es la profundidad de los enigmas que surgen cuando faltan leyes fundamentales.

A la relatividad general no le gustan densidades demasiado altas, porque tiene que contar con la mecánica cuántica, y no sabe cómo hacerlo. Cuando nos dice que la densidad se vuelve infinita, lo que finalmente dice es "cuidado, aquí fallo". Y eso pasa antes de esta etapa densa y caliente de la historia del universo llamada "Big Bang".

Y fuera de la época "pre-Big Bang", ¿habría otro entorno donde también falla?

Sí. En los agujeros negros.

Los agujeros negros

Los agujeros negros son el resultado inevitable de la vida y muerte de cierto tipo de estrellas. La evolución de las estrellas, cómo nacen, viven y mueren, es un asunto sencillo visto por encima, pero bastante complicado en sus detalles. A grandes rasgos, una enorme nube de gas en el espacio colapsa bajo su propio peso, el centro se calienta y empieza la fusión nuclear, hasta que no haya nada más que fusionar (una lumbre no arde para siempre). Y ya está.

Pero los detalles son infinitos. Un verdadero zoo. El ciclo de vida estelar es el fruto de las leyes de la gravedad, de la termodinámica, de la mecánica de fluidos y de la física nuclear. Demasiados familiares para tener una vida de familia sencilla. Y, parafraseando el principio de *Anna Karenina*, de León Tolstói, las familias complicadas tienen problemas complicados[67]. Sepan mis lectores que la historia que cuento a continuación está muy simplificada.

Estamos en el espacio. Hay una gigantesca nube de gas, como hay tantas allí fuera, en el vacío intersideral (que de hecho no está vacío). Para una niebla londinense, la gravedad no juega ningún papel importante. Es demasiado débil. Pero si la misma nube midiera unos cuantos años luz, empezaría a sentir el efecto de su propia gravedad. Por encima de un determinado tamaño, que depende de su densidad y su temperatura la nube puede colapsar gravitacionalmente. Se derrumba sobre sí misma, bajo su propio peso. Esa longitud crítica se llama "longitud de Jeans". La calculó el británico James Jeans en 1902[68]. En 1902, no teníamos nada de relatividad especial o general, nada de mecánica cuántica. Es buena física del siglo XIX. Gravedad newtoniana, algo de termodinámica y una pizca de dinámica de fluidos… y tenemos la longitud de Jeans.

Entonces, nuestra nube colapsa sobre sí misma, bajo su propio peso. Mientras colapsa, se calienta. Eso aumenta la presión del gas, pero no lo suficiente como para parar el colapso. Sigue el colapso gravitacional, y sigue aumentando la temperatura, hasta alcanzar unos millones de grados… y empieza la fusión nuclear. Si eso les recuerda la nucleosíntesis primordial, es normal. Estamos en condiciones similares. Y si a otros les recuerda los esfuerzos contemporáneos para explotar la fusión nuclear, también es normal.

Puesto que la nube inicial estaba formada en su mayor parte por hidrógeno, quizás con algo de helio y miguitas de otros átomos, la fusión empieza con el hidrógeno. En cuanto arranca, la energía que se desprende produce una presión que, ahora sí, puede con la gravedad. El colapso ha parado. Tenemos ahora una bola de gas enorme con un formidable horno en el centro, fuente de una presión que puede contrarrestar la gravedad. Señoras y señores, he aquí una estrella.

Nuestra estrella no puede fusionar más hidrógeno que el hidrógeno que contenía al principio. Cuando todo, o casi todo, el hidrógeno inicial se ha fusionado en helio

(2 protones + 2 neutrones), empieza la fusión del helio produciendo carbono (6 protones + 6 neutrones). Y así seguimos, fusionando núcleos cada vez más gordos, que producen a su vez otros núcleos más gordos aún. Es como jugar con Lego. Empiezo con piezas sueltas. Las junto de 2 en 2 hasta lograr únicamente pares. Luego junto los pares, etc.

Abro aquí un paréntesis para comentar algo curioso respecto a la producción de carbono a partir de helio. En 1954, el astrofísico británico Fred Hoyle calculó que la síntesis del carbono desde la fusión de núcleos de helio tenía una probabilidad ridícula, a menos que el carbono tenga una propiedad muy especial, el denominado "Estado de Hoyle"[69]. Razonó que si hay carbono en el mundo, empezando por mi cuerpo, y si este carbono fue formado en las estrellas, entonces el núcleo de carbono debe tener esta propiedad muy especial. Y la tiene, como empezó a comprobarse en 2007 [70]. El estado de Hoyle del carbono es fruto de las leyes de la física. Si fueran ínfimamente diferentes, no se daría ese estado, y adiós al carbono… y adiós a la vida basada en él. Tenemos aquí un ejemplo, entre muchos, del ajuste fino de las leyes de la física para la vida. Volveremos a hablar de ello. Fin del paréntesis.

La fusión nuclear hacia núcleos cada vez más gordos es capaz de calentar la estrella para contrarrestar la gravedad, pero tiene sus límites. Al crear núcleos cada vez más grandes, nuestro horno estelar termina fabricando núcleos de hierro, con 26 protones. Por razones de física nuclear en las que no voy a entrar, la fusión de un núcleo de hierro con otro núcleo no suelta energía, sino que "come" energía[71]. Hasta el hierro, la estrella puede combatir su propio peso gracias al calor generado por la fusión. Pero hasta aquí llegará. No más allá.

Se apaga el horno central. Ya no hay nada que se oponga a la gravedad. La estrella colapsa, como en caída libre sobre sí misma. Y cuando todas las partes de una esfera caen hacia el centro, llega un momento en el que rebotan hacia fuera, generando una gigantesca explosión. Esto es una supernova. La estrella ha muerto.

Las escalas de tiempo involucradas son increíblemente disparatadas. El tiempo de vida de una estrella hasta llegar al "punto hierro" se cuenta en decenas de millones de años (nuestro Sol es demasiado ligero, no llegará al hierro. A cambio, durará más, miles de millones de años). Pero una vez aquí, su muerte es cuestión de días.

La explosión lleva consigo un montón de los núcleos fabricados. Son expulsados al espacio, y entrarán en la composición de otras estrellas, de otros planetas y de seres vivos como nosotros. Como lo describieron el astrofísico francocanadiense Hubert Reeves y sus amigos: "Estamos hechos de polvo de estrellas"[72].

Pero la explosión no se lo lleva todo. Deja atrás el corazón sobre el cual rebotaron las capas externas de la estrella cuando colapsaron. Este pobre corazón ya no puede contar con la fusión para oponerse a su propio peso. De modo que se comprime. Y se comprime. Hasta que la presión de la materia fría comprimida pueda con la gravedad. Si ese corazón no es demasiado pesado, digamos unas masas solares o menos, encontrará un término medio entre compresión y gravedad. Terminará en una "estrella de neutrones", en la que la materia está tan comprimida que ya no hay núcleos. Solo neutrones. Tenemos aquí un gigantesco núcleo atómico. Una estrella de neutrones cuya masa sea como la del Sol mide tan solo 20 km de diámetro. Un cubito de 1 centímetro de lado de esta cosa pesa 400 millones de toneladas.

¿Y qué pasa si el corazón que deja la supernova es más pesado? Pues, que se comprime, se comprime, se comprime… sin parar. Como demostró el físico indio Subrahmanyan Chandrasekhar en 1931[73] respecto a cierto tipo de objeto muy compacto, las "enanas blancas", el objeto no puede combatir su propio peso si sobrepasa una masa límite denominada "límite de Chandrasekhar" (1,4 veces la del sol). No es bueno engordar cuando eres una enana blanca. En cuanto a las estrellas de neutrones, no tienen que sobrepasar el "límite de Tolman–Oppenheimer–Volkoff" (en torno a 3 veces la del sol) si no quieren colapsar sin remedio[74].

Seguramente alguien dirá: "pero tarde o temprano tiene que parar el colapso gravitacional, ¿no? *Algo* lo parara". Pues, según las leyes conocidas desde hace 50 años, no. Nada *conocido* lo para. La densidad del objeto se vuelve… infinita.

Por fin tenemos nuestro agujero negro[75]. ¿La densidad se vuelve infinita antes del Big Bang? En un agujero negro también. Aquí, la gravedad reduce a cero los restos de la estrella que colapsó. Pero, como dicen Kip Thorne y Roger Blandford,

> "...esta conclusión, por supuesto, es muy insatisfactoria. Es difícil creer que las leyes correctas de la física predigan tal destrucción total. De hecho, probablemente, no lo hacen". [76]

Obviamente, en los agujeros negros, como antes del Big Bang, las leyes que conocemos fallan antes del infinito.

En cuanto la densidad se vuelve tan alta que relatividad general y mecánica cuántica tienen que ponerse de acuerdo, algo pasa. Pero, de momento, ese algo es desconocido.

¿Existen, los agujeros negros?

Ya vimos las señales que apuntan de forma casi cierta a un Big Bang. Por tanto, estamos seguros de que relatividad general y mecánica cuántica tuvieron que jugar juntas antes del Big Bang. Y los agujeros negros, ¿de verdad existen? Sí.

La posibilidad de objetos tan extraños, tan densos que ni la luz puede escapar de ellos, nos remonta a Karl Schwarzschild en 1916, cuando demostró que según la relatividad general, un objeto más pequeño que su "radio de Schwarzschild" no dejaría escapar ni a la luz[77]. El radio de Schwarzschild de la Tierra es de 1 centímetro. El de Sol, de 3 km. No hay que preocuparse. Ni la Tierra ni el Sol caben en su radio de Schwarzschild. Pero si, como enseñó Chandrasekhar, se dan las condiciones bajo las cuales una masa colapsará sin freno, tarde o temprano entrará en su radio de Schwarzschild.

Sin embargo, la mera existencia de los agujeros negros fue muy controvertida hasta los años 1960. Se descubrieron entonces las primeras estrellas de neutrones, y la gente pensó: "pues, si estos bichos raros existen, ¿por qué no los agujeros negros?". A continuación, se multiplicaron las indicaciones observacionales de que podían existir. Pero parece que fue solo al principio del siglo XXI cuando el conjunto de los astrofísicos quedó convencido por las minuciosas observaciones de estrellas que orbitaban en torno al centro de nuestra propia galaxia, la vía láctea[78]. Observadas escrupulosamente desde el principio de los 1990, 7 estrellas orbitan en torno a "algo" en el centro de nuestra galaxia. Con tanto tiempo de observación y tantas estrellas, se puede aprender mucho sobre ese "algo", como su masa y su tamaño máximo, dando ambos una idea de la densidad inmensa que allí hay. En 1998, el caso parecía casi cerrado. Como escribió Andrea Ghez, astrónoma estadounidense cuyo papel en esta historia ha sido decisivo,

"La gran densidad central deducida... nos lleva a la conclusión de que nuestra galaxia alberga un enorme agujero negro central". [79]

A este agujero negro, "nuestro" agujero negro, se le llama "Sagitario A*" ("Sag A*" para los amigos), porque se encuentra en la dirección de la constelación Sagitario. Pesa 4,3 millones de veces más que el Sol. Ahora es casi seguro que cada galaxia alberga un monstruo de este tipo en su corazón. Y galaxias, se estima que hay 2 millones de millones en el universo observable[80]. Estos agujeros negros supermasivos crecieron tragándose estrellas, o incluso fusionándose con otros agujeros negros.

Si como vimos, un agujero negro es el cadáver de una estrella pesada, debe haber muchos agujeros negros que pesan 10, 20 o 30 masas solares. Se les llama "agujeros negros estelares". Obviamente, son muy difíciles de observar, ya que no emiten ninguna luz. Pero si una estrella gira alrededor, sus efectos sobre la misma pueden traicionar su presencia. Hoy en día, se conocen una veintena de tales sistemas binarios, agujero negro + estrella[81]. Pero debe haber muchísimos más agujeros negros estelares, con pareja o sin ella. Teniendo una idea del número de estrellas que hay en la vía láctea, y de la proporción de las mismas que terminará en agujero negro, es posible llegar a una estimación del número de agujeros negros estelares en nuestra galaxia: sale la cifra de 100 millones[82].

Una confirmación indirecta de esta cifra ha venido dada recientemente por la detección de ondas gravitacionales (a continuación, "ondas G" – nada que ver con los "Hombres G" –). Antes de construir detectores de 600 millones de dólares, se hicieron estudios para saber si habría alguna oportunidad de observar estas ondas. ¿Gastaría usted 600 millones de dólares para observar un evento que ocurre una vez cada diez mil años, o cada millón de años? Yo tampoco. Entonces la gente hizo la lista de los eventos cósmicos susceptibles de emitir ondas G, como la fusión de dos agujeros negros, o de dos estrellas de neutrones, etc. A partir de la demografía cósmica conocida, se pudo calcular la frecuencia estadística de estos eventos. Salió que sí. Valía la pena financiar detectores, ya que la frecuencia estimada no era un evento detectable cada diez mil años, sino varios al año. Es como aspirar a detectar las olas producidas por las colisiones de super petroleros en el Mediterráneo. Si estas colisiones ocurren una vez cada diez mil años, habrá que tener mucha suerte para observar una durante mi vida. Pero si hay varias cada año, puedo construir mi detector sabiendo que detectaré alguna.

Según los cálculos de los diseñadores de los detectores, estos deberían detectar varias ondas G al año. El 14 de septiembre de 2015, después de dos días[83] de operación de su versión mejorada, el detector estadounidense "Ligo" detectó una onda G emitida por la fusión de 2 agujeros negros de 36 y 29 masas solares respectivamente[84]. Muchas más han sido detectadas desde entonces, y han dejado de ser noticia[85].

Rematemos.

Pasé el mes de junio de 2018 en el Departamento de Astrofísica de la Universidad de Harvard para trabajar con el profesor Ramesh Narayan. El ambiente era eléctrico. Parte del departamento, Ramesh incluido, estaba volcado en el proyecto "Event Horizon Telescope"[86]. Este proyecto mundial –no solo participaba Harvard– tenía como objetivo observar 2 agujeros negros desde varios telescopios situados alrededor del mundo, y al mismísimo tiempo. La técnica denominada "interferometría de muy larga base" permite hacer observaciones con un telescopio virtual de un tamaño equivalente al diámetro de la tierra. Y con un telescopio de este tamaño se pueden lograr imágenes tan finas como para ver un cabello a 1000 km de distancia... y también un "horizonte de eventos", la zona esférica que rodea un agujero negro y de la cual nada puede escapar, ni la luz. Una frontera con sentido único: entrar se puede, salir no.

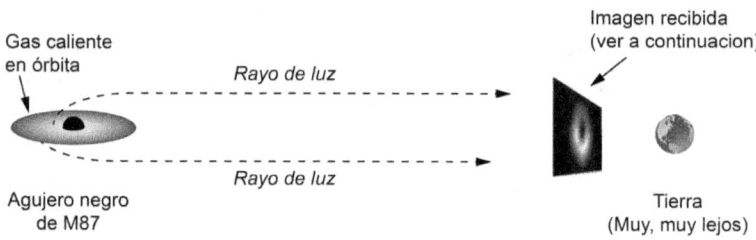

El disco de gas caliente que orbita el agujero negro de M87 se nos presenta por el lado. Apenas deberíamos verlo porque el disco es muy fino. Pero el mismo agujero negro curva los rayos de luz, de forma que desde la Tierra vemos un anillo.

Se apuntó a dos agujeros negros. El que duerme en el corazón de la galaxia "M87", y el "nuestro", Sagitario A*. El de M87 está lejos, pero es enorme. El nuestro es más pequeño, pero está más cerca. Como se ha dicho, nada sale de ese horizonte, de modo que no se ve. Pero el gas muy caliente que gira alrededor del agujero antes de ser engullido, sí que emite mucha luz. Además, dicha luz esta tremendamente distorsionada, curvada, por la gravedad extrema del entorno. Los que vieron la película *Interstellar* entenderán. El horizonte mismo no se ve, pero su entorno tiene una firma inconfundible. Según la teoría, como un anillo radiante alrededor de un círculo oscuro denominado la "sombra" del agujero, un poco más grande que el horizonte mismo.

El día 10 de abril del 2019 se publicó la primera imagen del agujero negro de la galaxia M87. Un anillo brillante rodeando una zona oscura[87].

Los agujeros negros existen.

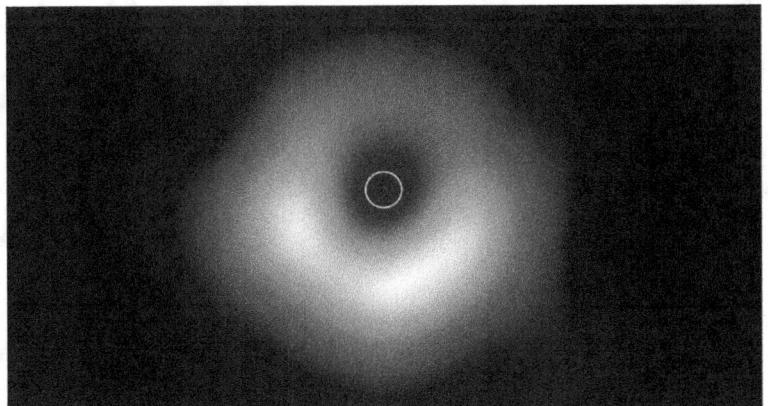

Foto de la sombra del agujero central de la galaxia M87. La mancha negra central es la "sombra" del agujero. Mide 2 o 3 veces el tamaño del horizonte de eventos. Para hacerse una idea de las dimensiones, el círculo blanco indica el tamaño de la órbita del planeta enano Plutón de nuestro sistema solar (foto: Colaboración EHT).

Más allá de la frontera

Hemos llegado a la frontera del conocimiento.

La "singularidad" del Big Bang, las "singularidades" de los agujeros negros. Son muchas las "singularidades" allí fuera. Muchas cuestiones en las que fallaron o fallan la relatividad general y la mecánica cuántica, sin que sepamos lo que pasa porque no sabemos cómo conciliar ambas teorías. La apuesta es alta. ¿Quién no desearía saber lo que pasó antes del Big Bang? La respuesta vendrá de las bodas de la relatividad general con la mecánica cuántica, con la esperanza que de su unión nazca lo que a menudo se denomina la "teoría del todo".

Lo que veremos en adelante es bastante sencillo: en "Relatividad General 1.0" (es decir, la relatividad general de mi GPS, la que ha pasado millones de pruebas experimentales, la de toda la vida, la de mi madre) la singularidad del Big Bang es inevitable. Descubrir lo que pasó de verdad, en lugar del infinito de la singularidad, se llama a veces "resolver la singularidad". Cualquier intento para resolverla tiene entonces que usar una "Relatividad General 2.0". Y sea cual sea esta "Relatividad General 2.0" (veremos que hay muchas), no ha pasado ninguna prueba experimental hasta la fecha. Por tanto, cualquier intento de resolver la singularidad del Big Bang hoy en día es mera especulación. Está detrás de la frontera. Igual con los agujeros negros.

Entramos ahora en tierra desconocida. Si esto fuera la búsqueda de las fuentes del Nilo, estaríamos de vuelta al primer siglo: conocemos Alejandría, Asuán… y poco más. Más al sur, el río es un misterio. Puede que diera un giro hacia la India o, incluso, hacia el noroeste de África.

Teoría, observación y experimentación

Unificar relatividad general y mecánica cuántica es difícil, incluso conceptualmente. Por eso, precisamente, es difícil. La primera es una teoría del espacio-tiempo. La segunda, una teoría de las partículas. Si el mundo fuera una obra de teatro, la relatividad general sería una teoría del escenario del teatro, y la mecánica cuántica una teoría de los actores del teatro. Para unificar ambas, hace falta que todos se vuelvan escenario, o todos actores, o todos otra cosa aún desconocida.

Hay tres etapas para progresar al respecto:

1. La teoría: usar el razonamiento, las *mates*, la lógica (tres formas de decir lo mismo), para deducir una nueva teoría a partir de unos principios fundamentales. Es exactamente así como Einstein desarrolló la relatividad general.
2. La observación: encontrar fenómenos naturales que permitan poner a prueba las teorías. Una observación es, finalmente, un experimento que la naturaleza hace por nosotros.

3. La experimentación: hacer experimentos en laboratorio, o en el espacio, o donde sea, para poner a prueba las teorías.

La relatividad general vio la luz partiendo de principios fundamentales (la renuncia a la uniformidad del tiempo y del espacio), después fue comprobada por observación (Mercurio, etc.) y, finalmente, fue ratificada por experimentación (GPS, etc.).

En cuanto a la "teoría del todo", las etapas 2 y 3 parecen de momento fuera de nuestro alcance. ¿Por qué? Porque cuanto más se alejan las leyes de la experiencia cotidiana, más extremas son las observaciones o experimentos requeridos para probarlas.

Veamos esto.

Empecemos por el principio base. Tengo una teoría. Quiero saber si es cierta. Entonces hago un experimento o una observación para contrastar el resultado con lo que predice mi teoría. La naturaleza siempre tiene la última palabra. Como dijo el físico americano Richard Feynman, Nobel de Física 1965: "Si [mi teoría] no está de acuerdo con el experimento, está mal. En esa simple afirmación está la clave de la ciencia. No importa lo hermosa que sea tu teoría, no importa lo inteligente que seas, quién hizo la teoría o cómo se llama. Si no está de acuerdo con el experimento, está mal. No hay nada más".[88]

Entonces, para saber si me equivoco, tengo que hacer experimentos u observaciones. Y si quiero saber si la teoría A es mejor que la teoría B, tengo que encontrar un experimento o una observación para las cuales la teoría A y la teoría B no predicen lo mismo. Y es precisamente esto que se ha vuelto más y más difícil.

Si soy Galileo y mi teoría es que el espacio y el tiempo son uniformes, cualquier experimento *de la época* me dará la razón. Si soy Newton, lo mismo. Si soy Einstein y acabo de dar a luz la relatividad general, la órbita de Mercurio o la desviación de la luz que, procedente de una estrella, pasa rozando el Sol me darán la razón. No son experimentos de laboratorio, pero sí observaciones de fenómenos reales que dicen que estoy bien encaminado. Si soy Bohr, Schrödinger o Heisenberg y acabo de encontrar la mecánica cuántica, basta con estudiar la luz emitida por cualquier tubo lleno de hidrógeno, en cualquier laboratorio, para comprobar que no me equivoco. Si soy Dirac y acabo de predecir la existencia de la antimateria (1928), solo tendré que esperar 4 años (1932) para que se observe. Luego el ritmo se ralentiza. Si soy Steven Weinberg y acabo de predecir la existencia de una partícula portadora de una fuerza nuclear (1967), tendré que esperar a 1983, e invertir miles de millones de euros, para que se observe en el acelerador de partículas "CERN" de Ginebra. Y si soy Peter Higgs[89] y predigo la existencia del "bosón de Higgs"[90] en 1964, tendré que esperar casi 50 años (2012) e invertir otros 10.000 millones de euros para que otro mega aparato en el CERN me permita observarlo.

Hay aquí una pauta clara. Cada vez cuesta más comprobar las teorías, porque cada vez tienen que ver con efectos más alejados de nuestra experiencia. En "nuestra experiencia" incluyo lo que podemos experimentar u observar en máquinas de miles de millones de euros o en telescopios de un precio equivalente.

Para observar efectos que se desmarquen claramente de las predicciones de la mecánica cuántica o de la relatividad general hacen falta circunstancias tan extremas ("pre-Big Bang", agujeros negros…), o medir matices tan ínfimos, que muy difícilmente se logran en el laboratorio (aunque haya propuestas de tales experimentos[91]).

¿Pero podríamos observar algún fenómeno que nos diera pistas? Difícilmente.

La singularidad del Big Bang ya pasó. Lo que ocurrió "de verdad" podría haber dejado huellas bajo forma de ondas gravitacionales, o rastros en la radiación de fondo cósmica, por ejemplo. En 2014, un equipo pensó haber encontrado algo. Pero fue una falsa alarma (y un Nobel perdido[92]). Semejantes esfuerzos entorno a la radiación de fondo cósmica se están llevando a cabo en la actualidad para permitir distinguir entre varios escenarios de desarrollo del universo primordial[93]. El futuro dirá si son fructíferos.

Mientras unos siguen indagando esta pista, otros piensan en los agujeros negros de hoy. De estos sí que sabemos que existen ahora mismo. Por desgracia, aquí hay otra pega: el "horizonte de eventos" (o "de sucesos", es lo mismo).

Según vimos al hablar de la observación del agujero negro de la galaxia "M87" por el Event Horizon Telescope, nada puede escapar del horizonte de eventos.

Como consecuencia, ninguna señal puede salir de la "singularidad" del agujero negro y llegar hasta nosotros. Lo que nos gustaría, es una "singularidad" sin horizonte de eventos. Un lugar del espacio que podamos observar y donde la relatividad general haya alcanzado sus límites. A esto se le llama una "singularidad desnuda". Está demostrado que si hago mi agujero a partir de una masa esférica en colapso, vendrá con un horizonte que esconde la singularidad. Me lo dicen las *mates*. Pero si alguna masa colapsara de forma muy rara, ¿aun así habrá siempre un horizonte de sucesos? ¿Acaso se ha podido demostrar, a partir de las ecuaciones de la relatividad general, que cada vez que surge una zona con densidad infinita estará rodeada por tal horizonte? Se sospecha que sí, pero no está demostrado. Algunos piensan que no puede haber singularidades desnudas. Uno de ellos es el británico Roger Penrose, que formuló en 1969 la "hipótesis de censura cósmica": la relatividad general siempre esconde sus fallos detrás de un horizonte. ¡Vaya gamberra! No se ha podido demostrar todavía, de modo que sigue siendo una hipótesis. Otros, como Ramesh Narayan[94], Stuart Shapiro o Saul Teukolsky[95] piensan que tales singularidades desnudas podrían existir.

Así, pues, las vías observacionales y las experimentales no parecen muy despejadas. Qué contraste con la situación 100 años atrás, cuando la órbita de Mercurio esperaba a la relatividad general, y bastaba con observar un eclipse para que otra observación le diera la razón.

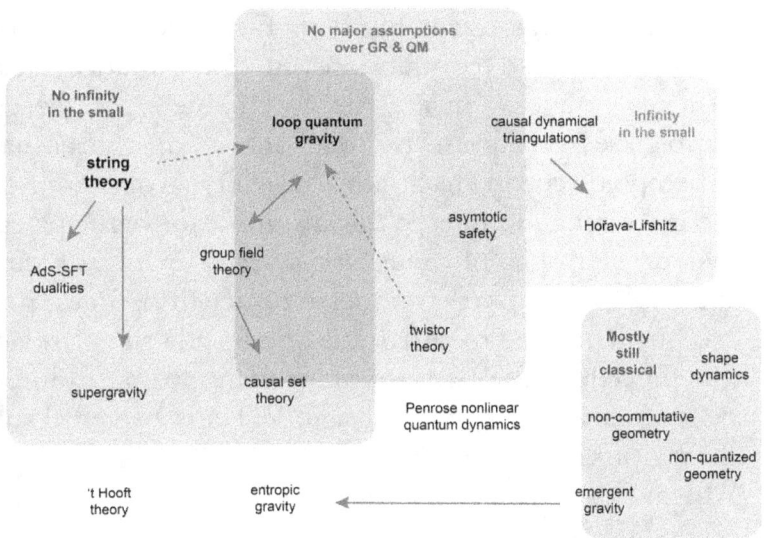

Esquema de las vigentes teorías cuánticas de la gravedad, con sus conexiones.

Si no podemos interrogar a la naturaleza, siempre podemos interrogar a la lógica, a la teoría. Ha habido gran actividad por este lado desde hace décadas, al menos en tres direcciones: las teorías "semiclásicas", la "teoría de cuerdas" y la "gravitación cuántica de bucles". Cabe notar que mencionaré solo las vías de investigación que más se comentan. Pero hay muchísimo más. Es un zoo. En el artículo de Wikipedia sobre "gravedad cuántica", acabo de contar una veintena. Nada menos. No son completamente independientes las unas de las otras, como se muestra en la figura anterior, sacada de una conferencia de Carlo Rovelli[96]. Son un zoo, una colección de familias.

Hay aquí algo llamativo y que despista bastante. Y es que las conclusiones alcanzadas son muy diversas. A veces se concluye que el universo tuvo un verdadero comienzo. Otras, que el Big Bang fue precedido por un rebote, una gran contracción, un "Big Bounce" (en inglés, "bounce" quiere decir "rebote"). A veces también se habla de un "pre-Big Bang"... durante el cual el tiempo discurriría hacia atrás. Y, para mayor asombro, ¡ocurre a menudo que un mismísimo autor participa en más de una opción! ¿Será bipolar esta gente? ¿Es que todo vale? ¿No pueden ponerse de acuerdo? Pues, no. No pueden. Cabe recordar que de cara a la singularidad que precede al Big Bang, estamos como los buscadores de las fuentes del Nilo en el siglo V. Unos las ven al sur de Egipto, otros en la India, otros al noroeste de África... ¡y al mismo tiempo! Es exactamente lo que se espera de los periodos de búsqueda intensa. Varias opciones coexisten, con unos aficionados que cambian de favorita mucho más fácilmente que un hincha cambia de club. Solo ocurre que saben que no saben.

Son los datos experimentales u observacionales los que podan el árbol de las teorías. Cuando escasean, el árbol se vuelve tupido, enmarañado. Semejante patrón no es propio solo de la búsqueda de la teoría del todo, sino que aparece también, por ejemplo, en conexión con el problema de los "rayos cósmicos de alta energía" o el origen de las "ráfagas rápidas de radio"[97].

Las teorías "semiclásicas"

Hemos visto que el mayor problema es que no sabemos conciliar la relatividad general con la mecánica cuántica. A eso aspiran la teoría de cuerdas y la gravitación cuántica de bucles. Pero antes de exponerlas, cabe mencionar otros planteamientos, aunque solo sea porque aparecen a menudo en las noticias científicas. Estos últimos no aspiran a la teoría del todo. Consisten, más bien, en explorar a fondo las opciones ofertadas por la relatividad general y la mecánica cuántica que conocemos. A veces se modifican un poco de forma especulativa, pero sin ánimo de elaborar una unificación total. Por eso las llamo "semiclásicas" ya que a menudo son fruto de una relatividad general clásica, es decir, que no cuenta con la mecánica cuántica. Muchos de estos trabajos tienen que ver con la singularidad del Big Bang.

Aquí podría surgir una pregunta: si saben que sus teorías no describen el mundo real, ¿por qué pierden su tiempo estudiándolas? Simplemente, porque siempre resulta útil conocer las conclusiones de un modelo, aunque este no represente la realidad. Cuando estudio un fenómeno relacionado con la fusión nuclear o la astrofísica, a menudo supongo que el mundo tiene una o dos dimensiones, o que la materia que estudio está a temperatura cero. Sé muy bien que el mundo tiene tres dimensiones, y que un gas de fusión nuclear no está a temperatura cero[98]. Mis colegas y los editores que publican mis artículos también lo saben. No tengo que avisar a mi lector: "cuidado, este artículo no tiene que ver con la realidad". Todos los físicos sabemos que entender un modelo sencillo siempre da pistas para entender la versión "mundo real". Seguimos en eso el consejo que Eugene Wigner, nobel de física 1963, dio a su doctorando John Bardeen, nobel de física 1956 y 1972,

"[Reduzca el problema] al caso más sencillo posible, para que pueda comprenderlo antes de

> *pasar a algo más complicado. Reduzca un problema a lo esencial, para que contenga justo la física necesaria"*.[99]

Hasta una teoría equivocada puede resultar útil. En una serie de clases sobre la gravedad, dadas en 1962-1963, Richard Feynman dedicó una clase entera en construir una teoría de la gravedad voluntariamente *equivocada*[100]. En física, como en otras actividades, equivocarse puede resultar tan instructivo que a veces vale la pena hacerlo aposta. Incluso,

> *"mejor equivocarse que quedarse en la duda"*[101].

Veamos ahora estas teorías "semiclásicas".

Empecemos con la teoría de la "inflación cosmológica". ¿Qué es eso? Ya hemos hablado de los enigmas que plantea el universo del Big Bang: demasiado homogéneo, demasiado plano, etc. En 1979, el físico americano Alan Guth encontró una solución elegante a muchos de ellos. ¿Por qué "elegante"? Precisamente, porque una sola hipótesis resuelve muchos problemas. Mata muchos pájaros de un tiro. Se dio cuenta de que si el universo, justo antes de la fase densa y caliente aludida por la NASA, había pasado por una fase de crecimiento vertiginoso (inflación cosmológica), muchos de estos enigmas se resolvían por sí solos. En 2014, unos creyeron haber encontrado pruebas del evento analizando el fondo de radiación cósmico, pero fue una falsa alarma.

La inflación cosmológica sigue sometida a debate. Un hecho llamativo: otro de sus padres, Paul Steinhardt, notó en 2014 que

"el paradigma inflacionario es tan flexible que resulta inmune tanto a las pruebas observacionales como a las experimentales". [102]

Dicho de otro modo, según Steinhardt, a la teoría de la inflación le falta rigidez para ponerla a prueba. ¿Cómo puede una teoría ser "rígida"? La relatividad general lo es, por ejemplo. Solo depende de dos constantes, ambas medidas con precisión: la velocidad de la luz y la constante de gravitación universal[103]. Cuando la relatividad general se aplica,

- a la órbita de Mercurio,
- a la desviación de un rayo de luz que pasa cerca del Sol,
- al GPS de mi coche,
- a las ondas gravitacionales,
- a un espejismo gravitacional,
- al periodo de rotación de un pulsar doble,
- etc.,

se obtienen fórmulas matemáticas diferentes para cada caso, pero que dependen únicamente de estos dos parámetros: la velocidad de la luz y la constante de gravitación universal. Una vez medidas, enchufo sus valores en esas fórmulas y todos los resultados tienen que cuadrar con las observaciones de todos estos fenómenos. ¡Y cuadran! Pero la teoría de la inflación es demasiado flexible. Cuenta con demasiados parámetros mal definidos que le permiten ajustarse a casi cualquier observación. Como dijo el matemático y físico John Von Neuman,

"con cuatro parámetros puedo acomodar a un elefante, y con cinco puedo hacerle menear la trompa"[104].

El mismo mecanismo físico responsable de la inflación sigue siendo una hipótesis[105].

Que no se me mal interprete. Mi intención no es demoler la teoría de la inflación. En absoluto. Ni siquiera me arriesgaría. Solo pretendo explicar por qué está del lado desconocido de la frontera. Es una hipótesis, como todo lo que veremos a continuación. Quizás ocurrió de verdad, pero aún no lo sabemos. Equivocarse no es necesariamente una pérdida de tiempo. Todos los que emprenden algo, en cualquier área de la vida humana, se equivocan algún día. Los únicos que nunca se equivocan son los que nunca emprenden nada. Y eso sí que es una equivocación garrafal.

En conexión con la inflación, y en la categoría "resultados importantes sobre modelos que no representan a la realidad", se encuentra el teorema "Borde, Guth, Vilenkin"[106], abreviado en "BGV", publicado en 2003. ¿De qué va? Cuando Friedman, Lemaître, Robertson y Walker encontraron que la relatividad general predice una singularidad en un tiempo cero, lo hicieron bajo ciertas hipótesis, como, por ejemplo, que la materia estaba inicialmente distribuida de forma homogénea. Del mismo modo, los que demostraron que ciertos colapsos gravitacionales dan lugar a una singularidad en el caso de los agujeros negros, también lo hicieron bajo ciertas hipótesis. A lo largo de los años 1960-1970, Stephen Hawking y Roger Penrose intentaron ver qué pasaba cuando se abandonaban estas hipótesis. ¿Seguía habiendo singularidades, o no? Demostraron que sí. Incluso en casos muy generales, la relatividad general seguía generando singularidades[107]. Pues bien, Borde, Guth y Vilenkin demostraron que sigue habiendo una singularidad antes del Big Bang, incluso contando con una fase de inflación.

Un resultado muy importante, por cierto, pero que no representa a la realidad porque es clásico. No cuenta con la mecánica cuántica, mientras que nuestro universo, el universo de verdad, sí que cuenta con ella. De hecho, Alan Guth (otra vez), la "G" de BGV, escribió en 2014,

"Sospecho que el universo nunca tuvo un comienzo. Es probablemente eterno, pero nadie lo sabe". [108]

De nuevo, ¿será bipolar? ¿Ha olvidado su teorema? Pues no. Pero sabe muy bien que su BGV es un modelo que no representa a la realidad. Un resultado importante, reiterémoslo, pero que tampoco permite alcanzar certezas en cuanto al universo real.

En esta misma sección "semiclásica" cabe la propuesta que Lawrence Krauss recoge en su muy ideológico libro *Un universo de la nada, el origen sin creador*[109] (el título habla por sí solo). Razona que la inflación aludida antes puede amplificar exponencialmente una fluctuación del vacío, dando lugar a un universo desde… la nada. Tal universo tiene la misma energía total que la fluctuación que le dio a luz, es decir cero, porque la energía negativa de la gravedad que contiene equilibra exactamente las otras formas de energía. Digamos, sin entrar en detalles, que esas fluctuaciones cuánticas existen en nuestro vacío, y han sido detectadas[110]. Pero se trata aquí de un escenario elaborado a base de la física conocida, que no cuenta con la fase "pre-Quarks, etc.", regida por unas leyes aún desconocidas.

Continuemos con los modelos que pasan de largo sobre los infinitos de la singularidad "pre-Big Bang" mediante modificaciones de la relatividad general[111]. A partir de las ecuaciones de Einstein, los físicos Friedman, Lemaître, Robertson y Walker encontraron una densidad infinita en un tiempo cero. Una singularidad, como ya hemos visto. Pero dichas ecuaciones se pueden modificar de manera tal que *no* den una singularidad. Dicho de otro modo, las matemáticas de la relatividad general imponen una singularidad. Pero las matemáticas de ciertas versiones modificadas de la relatividad general no imponen dicha singularidad. Estas modificaciones de la relatividad general no han podido aún ser puestas a prueba mediante observación o experimentación. Con todo, estos modelos tienen una ventaja interesante. Los cálculos hechos a partir de ellos dan como resultado, en la película del tiempo corriendo hacia atrás, una densidad que aumenta, y aumenta, pero solo hasta un cierto punto. A partir de ahí, aun pasando la película hacia atrás, la densidad empieza a disminuir. Tenemos un rebote. Y aquí viene lo interesante: la densidad máxima alcanzada en el rebote queda lejos de la zona donde deberían intervenir los efectos cuánticos. De modo que son modelos en los que el universo nunca pasa por una fase que necesite gravedad cuántica para su descripción. Si fueran ciertos, no haría falta casar gravedad con mecánica cuántica para explorar lo que antecede al Big Bang. Esto no significa que tal unificación no exista, sino que no es necesaria para resolver la singularidad del Big Bang, al igual que no es necesaria para diseñar un coche.

Como vemos, estas propuestas no pasan por un desarrollo completo de una teoría cuántica de la gravedad. Mas bien trabajan dentro de un marco teórico conocido, o no muy lejos, para explorar sus consecuencias.

Los esfuerzos para unificar la gravedad con las demás leyes de la naturaleza nacieron pronto, a principios del siglo XX. Fue Einstein el primero en mencionar la necesidad de una versión cuántica de la gravedad cuando predijo las ondas gravitacionales en 1916[112], e hizo numerosos intentos, como mínimo desde 1923, para lograr una teoría unificada[113]. Si bien hoy podemos considerar la teoría de cuerdas y la teoría de gravedad cuántica de bucles como las reinas del campo, otras vinieron antes. Entre ellas, la teoría de Wheeler–DeWitt (1967)[114], que después usaron James Hartle y Stephen Hawking[115] para resolver a su manera la singularidad del Big Bang. Hawking describe la cosmología así elaborada en su famoso libro *Historia del tiempo: Del Big Bang a los agujeros negros*[116]. Una cosmología según la cual tanto el espacio como el tiempo empiezan juntos a partir de la singularidad. Como él mismo dijo,

> *"No tiene sentido hablar de un tiempo antes de que comenzara el universo. Sería como buscar un punto al sur del Polo Sur. No está definido... Preguntar qué sucedió antes del comienzo del universo se convertiría en una pregunta sin sentido, porque no hay nada al sur del Polo Sur".* [117]

La gravedad cuántica sobre la cual descansa esta teoría tampoco ha sido puesta a prueba. De modo que seguimos en el mundo de las especulaciones.

La teoría de cuerdas

Para concretar una cita con alguien, tenemos que acordar dónde y cuándo. En nuestro mundo, precisar el "dónde" requiere especificar tres cifras. El "cuándo", una cifra más. Por eso se dice que vivimos en un mundo de cuatro dimensiones. Tres de espacio y una de tiempo. Vimos que la relatividad general y la mecánica cuántica surgieron cuando se abandonaron hipótesis fundamentales: la uniformidad del tiempo y del espacio en el caso de la primera y la naturaleza de las partículas fundamentales en la segunda. Pero, en ambos casos, el espacio-tiempo sigue teniendo cuatro dimensiones.

El número de dimensiones del espacio-tiempo es precisamente una de las hipótesis cuestionadas por la teoría de cuerdas[118]. La idea no es nueva. En la primera mitad del siglo XX, Theodor Kaluza y Oskar Klein se dieron cuenta de que si se escribían las ecuaciones de la relatividad general en cinco dimensiones, en vez de cuatro, el formalismo resultante contenía de forma espontánea no solo las ecuaciones de Einstein de la relatividad general, sino también las ecuaciones de Maxwell del electromagnetismo.

Juguetear así con las dimensiones del espacio puede parecer extraño, pero es algo que las matemáticas permiten fácilmente. Eso sí, si hago una teoría del mundo físico con cinco dimensiones, tengo que explicar por qué solo veo cuatro. Lo que imaginó Klein es que la quinta dimensión esta enrollada de forma tan compacta que no se nota. Algo así como un espagueti, que es una cosa tridimensional, pero cuyo radio es tan pequeño que parece un objeto unidimensional. Obviamente, la idea tiene sus límites ya que si me acerco al espagueti, me percataré de que tiene tres dimensiones. Se trata aquí de imaginar un espagueti tan fino que su anchura no se pudiera distinguir con ningún medio actualmente accesible.

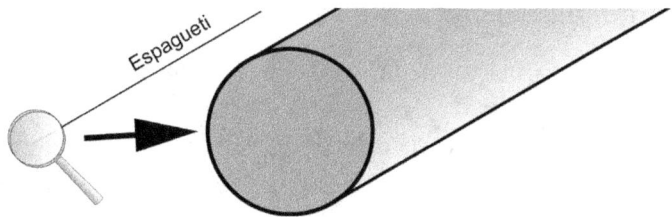

Visto de lejos, un espagueti parece una línea unidimensional. Pero de cerca, nos damos cuenta de que es un objeto tridimensional.

A Einstein le gustó mucho la idea. Y a otros también.

La cosa quedó algo dormida hasta la década de los 70, cuando unos físicos teóricos se dieron cuenta de que podían explicar experimentos sobre las fuerzas nucleares suponiendo que las partículas no eran bolitas, sino cuerdas muy pequeñitas. Las diversas partículas resultaban entonces de los diversos modos de vibración de las cuerdas, al igual que diferentes notas corresponden a diferentes modos de vibración de una cuerda de violín. A continuación, otros descubrieron que entre estos modos de vibración había uno que se parecía muchísimo a lo que se podría esperar del "gravitón", hipotética partícula portadora de la gravitación: la teoría de cuerdas acababa de lograr el título de candidata a la teoría del todo.

Las ideas de Kaluza y Klein fueron recicladas ya que según el formalismo matemático, las cuerdas tienen que vivir en un espacio-tiempo de diez u once dimensiones. Cabe entonces "compactificar" seis o siete para terminar con nuestras 4 dimensiones. Pero que nadie se equivoque. No basta con decir "compactifico seis o siete dimensiones y ya está". Aquí, como en otras partes, las matemáticas dictan unas reglas muy estrictas del juego. Uno no puede compactificar a su antojo[119].

Resumir aquí toda la actividad desarrollada en la actualidad alrededor de la teoría de cuerdas es imposible, pues cada año se publican, literalmente, miles de artículos especializados sobre el tema. Sin embargo, podemos dar unas pistas sobre el porvenir de las singularidades según la teoría de cuerdas.

En cuanto a la singularidad del Big Bang, podría haber sido un simple rebote (otra vez)[120]. Un "Big Bounce" con otro universo anterior que colapsa y rebota dando lugar a nuestro Big Bang. ¿Y cómo sucede eso? Por la existencia de una temperatura teórica máxima. En relatividad general o mecánica cuántica la temperatura no tiene techo. Por eso se va al infinito en el supuesto tiempo cero antes de Big Bang. No hay ningún principio físico que le ponga límite. No así según la teoría de cuerdas. De modo que si pasamos la película al revés antes del Big Bang, la temperatura sigue subiendo hasta alcanzar ese techo, y cuando lo ha alcanzado, no puede hacer otra cosa que volver a bajar. El Big Bang se ha vuelto un Big Bounce.

¿Y los agujeros negros? Según la teoría de cuerdas, el interior del horizonte de eventos podría ser un "ovillo de cuerdas"[121]. Mediante un mecanismo propio de la teoría de cuerdas, que no existe en mecánica cuántica, este ovillo de cuerdas puede resistir el colapso gravitacional.

En ambos casos ocurre lo esperado: un nuevo fenómeno físico, no contemplado en teorías anteriores, detiene el colapso gravitacional y deja la singularidad en el mundo de las matemáticas. ¿Será eso lo que pasa de verdad en el mundo real? Aún no se sabe. Sin ánimo de echar un jarro de agua fría, quiero recordar aquí que estamos detrás de la frontera de lo conocido. En tierra desconocida. Para recalcar este hecho, quiero dejar la última palabra al británico Joseph Conlon, especialista en teoría de cuerdas de la Universidad de Oxford. El capítulo 7 de su libro *¿Por qué la teoría de cuerdas?* está dedicado a las pruebas experimentales de la misma. Puede que sea el capítulo más corto de la historia de la literatura científica. Cuenta con una única frase:

No hay prueba experimental directa para la teoría de cuerdas. [122]

La gravedad cuántica de bucles

La gravedad cuántica de bucles nació a finales de los 80. No se trata de un intento de unificar todas las fuerzas, sino de elaborar una teoría cuántica de la gravedad.

En tierra conocida, es decir, según la física probada experimentalmente, el espacio-tiempo es continuo. Eso quiere decir que si pudiera hacer un zum tan grande como quisiera sobre mi mesa, "vería" primero las moléculas de celulosa de la madera, después los átomos que forman estas moléculas, después el núcleo de estos átomos, luego sus quarks, hasta que estos se vuelvan enormes bajo mi supermicroscopio. Más allá de lo cual, al seguir ampliando la imagen, me sentiría, probablemente, como en el vacío intersideral, sin ver nada más que partículas, ahora enormes, a lo "lejos". Y podría seguir así indefinidamente.

En la gravedad cuántica de bucles el zum tiene un límite. El mismo espacio-tiempo está cuantificado. Dicha teoría aplica finalmente el concepto de cuantificación al mismo espacio-tiempo. Aquí hay una superficie mínima. Un volumen mínimo. Un intervalo de tiempo mínimo. El espacio-tiempo está hecho de "granos", como una playa está hecha de granos de arena. Desde lejos no se nota. Pero si pudiéramos mirar con una potente lupa, nos daríamos cuenta de la naturaleza granular (cuántica) del espacio. ¿Será esto real? Quizás algún día lo comprobemos. De momento, es una hipótesis.

Obviamente, estos granos son tan pequeños que de momento no se pueden detectar en ningún experimento. ¿Pero qué pasa cuando falla la relatividad general al pretender que todas las distancias se reducen a cero? Tarde o temprano, estas distancias llegarán a ser tan pequeñas como la distancia mínima, y esto, como ya sabemos, pasó antes del Big Bang y ahora, en este momento, en los agujeros negros. Es entonces cuando la gravedad cuántica de bucles entra en juego.

Empecemos por el "pre-Big Bang". Pasamos de nuevo la película al revés y vemos las distancias acercarse a cero. Pero en gravedad cuántica de bucles, no pueden llegar a cero ya que existen los granos esos, que no se pueden comprimir. Entonces, cuando el espacio llega a un tamaño comparable al de los granos, rebota. Ya no hay singularidad[123]. La densidad y las temperaturas alcanzadas son obviamente gigantescas, pero no infinitas. Llegan a un máximum en el rebote, y luego vuelven a bajar. Otra vez, el Big Bang se ha vuelto un Big Bounce.

Y la singularidad de los agujeros negros, ¿cómo se soluciona en gravedad cuántica? También en este caso el colapso gravitacional se detiene cuando se alcanza el tamaño de los granos de espacio. Llegamos a una denominada "estrella de Planck"[124]. Esta fase solo es transitoria ya que la materia rebota y la estrella explota dando lugar a un "agujero blanco"[125]. ¿Y qué es esto? Otra solución de las ecuaciones de la relatividad general: un objeto parecido a un agujero negro, pero al contrario.

Si nada puede salir de un agujero negro, nada puede *entrar* en un agujero blanco. De un agujero blanco solo se puede salir (algunos piensan que el Big Bang fue un agujero blanco[126]).

De nuevo tenemos un rebote, un "bounce". Según la gravedad cuántica de bucles la materia aspirada en un agujero negro rebota en su centro para ser expulsada luego, cuando el agujero negro se vuelve un agujero blanco.

Matemáticas y principios fundamentales

Cada una de las opciones anteriormente mencionadas, y aún hay más, alberga a su vez varias subopciones. Puede resultar extraño para algunos que haya tantas vías de investigación. Además, claro, de la ausencia de observaciones y experimentos, una posible explicación es que aún nos falta un principio director fundamental que reduzca el número de hipótesis.

Me explico. Cuando Einstein desarrolló la relatividad especial, su principio director fue que las leyes de la naturaleza deben de ser las mismas en el andén de la estación y en el tren (mientras este ande a velocidad constante). Puesto que la velocidad de la luz está integrada en las ecuaciones de Maxwell, este principio, denominado "principio de relatividad", implica por sí solo que la velocidad de la luz ha de ser la misma ya sea que se mida desde el andén o desde el tren. Dicho de otro modo, si las ecuaciones de Maxwell, unas de las leyes de la naturaleza, son idénticas en el tren y en el andén, entonces cualquier medición de la velocidad de la luz debe dar el mismo resultado en ambos lugares, salga de donde salga la luz.

Cuando Einstein desarrolló la relatividad general, el principio fundamental fue que el efecto de la gravedad es idéntico al de una aceleración. Si estoy en un cohete sin ventana que acelera de tal forma que su velocidad aumenta en 35 km/h (9,8 m/s) cada segundo, no tengo ninguna forma, desde dentro, de saber que no estoy en la tierra. Es el denominado "principio de equivalencia"[127]. Estos dos principios, el de relatividad y el de equivalencia, una vez traducidos a su forma matemática, no dejan mucho margen de maniobra hasta llegar a la teoría final. Puede que hoy en día falte un principio similar que dirija la investigación de forma tan segura. Como dijo John Wheeler,

"La respuesta correcta rara vez es tan importante como la pregunta correcta".[128]

Ahora nos faltan guías para hacer las preguntas correctas.

Sin embargo, no se debe pensar que cada uno va por su cuenta, a la aventura, sin ninguna baliza en su camino. Las hay. Solo mencionaré dos.

Primera baliza. En 1973, Jacob Bekenstein calculó una magnitud denominada "entropía" para un agujero negro. La encontró proporcional a la superficie del horizonte de eventos[129]. 23 años después, en 1996, Andrew Strominger y Cumrun Vafa calcularon la misma magnitud según la teoría de cuerdas, y encontraron el mismo resultado[130]. Dos años más tarde, en 1998, el mismo cálculo según la gravedad cuántica de bucles arrojaba también el mismo resultado[131].

Segunda baliza. En 1975, Stephen Hawking usó su dominio de la relatividad general y de la mecánica cuántica y su intuición física para sugerir que los agujeros negros no son del todo negros, sino que emiten una radiación[132]. He comprobado varias veces que físicos muy experimentados logran en cierta medida cortocircuitar las ecuaciones y anticipar los resultados, o al menos, tener la intuición del camino a seguir. Es exactamente lo que hizo Hawking. El mecanismo que reveló es tan sencillo, tan robusto, que es muy probablemente cierto, incluso sin usar una teoría cuántica de la gravedad. La "radiación de Hawking" tiene la misma forma matemática que la radiación de fondo microondas, con una temperatura determinada también de forma muy precisa. Cuando los artesanos de la gravedad cuántica de bucles emprendieron el cálculo de esta radiación, desde el formalismo de la gravedad cuántica de bucles, encontraron el mismo resultado[133]. Y cuando, a su vez, los de la teoría de cuerdas hicieron ese mismo cálculo, de nuevo encontraron el mismo resultado[134].

Cuando de tres formas diferentes se alcanza el mismo resultado con respecto a dos fenómenos, es que "hay algo". No puede ser casualidad. Es que hay una estructura matemática subyacente que aflora en varios sitios. Como un templo enterrado del cual solo vemos algunas partes aisladas.

Así, pues, las matemáticas son de momento la guía principal en la búsqueda. El nivel es tan alto que Edward

Witten, especialista en la teoría de cuerdas de prestigio mundial, fue galardonado en 1990 con la Medalla Fields, considerada el Nobel de las matemáticas. A veces las *mates* actúan como un perro guía. Llevan al físico a donde no podría ir por sí solo. Paul Dirac no buscaba la antimateria cuando unió la relatividad especial (no la general) con la mecánica cuántica en 1928. No se levantó pensando: "Hoy me siento en racha, ¡seguro que descubro un nuevo tipo de materia!". Fue su ecuación la que le "dijo" que este otro tipo de materia tenía que existir. La ecuación era cierta, y encontraron la antimateria.

Si la lógica ofreciera una única pista, quizás podríamos tener más confianza en la teoría. Pero como hemos visto, no es el caso. Y aun así, aunque hubiera una única pista lógico-matemática, poder comprobarla experimentalmente no estaría mal. La relatividad general no tenía mucha competencia teórica en 1915, sin embargo, todo el mundo quería someterla al veredicto del experimento o de la observación. Y la pobre sigue procesada. Solo en 2018, se le hicieron tres pruebas más, todas aprobadas holgadamente. Una, observando las estrellas que orbitan en torno a Sag A* (el agujero negro del centro de nuestra galaxia)[135]; otra, midiendo el movimiento de un sistema de tres estrellas super densas vinculadas gravitacionalmente[136], y una tercera observando un espejismo gravitacional fuera de nuestra propia galaxia[137]. La observación del "Event Horizon Telescope" en 2019 fue otra confirmación magistral. ¡Ojalá pudiéramos hacer lo mismo con las cuerdas y los bucles! Esa falta, bien involuntaria, de comprobación experimental u observacional es, sin duda, lo que más contribuye hoy en día a congelar la frontera del conocimiento.

Concluyamos este capítulo. Durante un congreso de la "American Astronomical Society", en enero del 2017, el físico americano Sean Carroll presentó el estado actual de la cosmología en respuesta a la pregunta: "¿Podría haber habido espacio y tiempo antes del Big Bang?"[138]. Su respuesta fue: "Claro que sí podría haberlo habido, pero no lo sabemos". Y presentó las principales opciones que hoy en día contemplamos, a saber:

1. El universo tuvo un comienzo. Tiempo y espacio empezaron juntos.
2. El universo estaba en contracción desde siempre antes del Big Bang. Rebotó, dando lugar a "nuestro Big Bang".
3. El universo ha estado rebotando desde siempre. Es cíclico.
4. El universo estuvo "hibernando" desde un pasado eterno, como latente y casi estacionario. Luego empezó a expandirse.
5. Los universos se reproducen. El nuestro salió de otro.

Es un zoo. Hemos comentado la opción 1 y elementos de las opciones 2 y 3 (el Big Bounce). La 5 la tocaremos en el último capítulo. La 4, en cambio, ni la mencionaremos. El futuro dirá cuál de estas opciones es la correcta, o si será necesario inventarse otra.

Una consecuencia interesante del zoo: ni siquiera sabemos si el universo tiene o no un pasado eterno[139].

Una pregunta que a menudo provoca reacciones tan diversas como interesantes.

A veces, no saber es un arte.

> *"Puedo vivir con la duda y la incertidumbre y sin saber. Creo que es mucho más interesante vivir sin saber que tener respuestas que podrían estar equivocadas."*[140]
>
> *Richard Feynman*

Terra Cognita y Terra Incognita

"Vivimos en una isla rodeada de un mar de ignorancia. A medida que crece nuestra isla del conocimiento, también crece el litoral de nuestra ignorancia". [141]

John Wheeler

Ya hemos dado una vueltecita por el otro lado de la frontera. Como hemos podido ver, por aquel lado, el lado desconocido, crecen muchas hierbas, sin que el experimento o la observación nos permitan separar las buenas de las "malas". Tal abundancia genera mucha confusión, y me gustaría intentar despejarla.

En ciertos mapas antiguos, las zonas aún sin explorar llevan la mención *Terra Incognita*, es decir "tierra desconocida". Con la relatividad general, el Big Bang y la existencia de los agujeros negros, paseamos primero por lo conocido, la *Terra Cognita*. Luego cruzamos la frontera para adentrarnos en lo desconocido, en la *Terra Incógnita*, donde viven la teoría de cuerdas o la gravedad cuántica de bucles.

Es instructivo representar la frontera del conocimiento mediante un mapa como este:

No se trata de ninguna representación realista salida de algún estudio científico. Solo de una forma intuitiva de visualizar el problema.

Por una parte, está lo que sabemos: la *Terra Cognita*, poblada de consensos forjados con mucho tiempo y esfuerzos. La Tierra es redonda, gira alrededor del Sol, hay galaxias, leyes de Newton y de Einstein, la mecánica cuántica, etc. Esta *Terra Cognita* se expande mientras la gente investiga. Detalle interesante, cuanto más grande es, más grande es su frontera, de modo que cuanto más se sabe, más se pregunta (también funciona al revés).

A continuación está la zona gris, donde mora lo que sabemos que no sabemos. Por ejemplo: sabemos que no sabemos unir la relatividad general y la mecánica cuántica. Más allá de esta zona yace lo absolutamente desconocido. Lo que ni sabemos que no sabemos. Aquí, por definición, no se puede dar ningún ejemplo. Pero podemos suponer que esta zona sí que existe, si imaginamos, por ejemplo, las preguntas de Pitágoras (569 a.C.-475 a.C.) sobre la radiación de fondo cósmico: ninguna. Pitágoras no podía preocuparse por algo que ignoraba. Del mismo modo, es seguro que allí fuera hay un montón de enigmas que ahora ni sospechamos. No sabemos que no lo sabemos. Es muy probable que cuando la tengamos la "teoría del todo" podamos plantearnos preguntas que ahora ni sospechamos.

Confusión entre territorios

La confusión entre estas zonas y sus respectivos actores es fuente inagotable de lío por parte de cierta prensa "rosa científica". Todo lo que hemos visto sobre la teoría de cuerdas, la gravedad cuántica de bucles, el Big Bounce, etc., está en entredicho. No forma parte de la *Terra Cognita*. Lo que no evita titulares sensacionalistas como "hubo algo antes del Big Bang", o su contrario, "todo empezó con el Big Bang", o también "Einstein se equivocó", que son el equivalente científico de titulares de prensa rosa tipo "el Príncipe Charles se acostó con Kim Kardashian". ¿Resultado? Una semana dicen que el universo tuvo un comienzo. La siguiente, dicen que no. Y la siguiente, aun otra cosa. Vaya confusión. Y lo que me dijeron en el cole, ¿será cierto?

Tiene que estar claro: el Big Bang es un estado denso y caliente por el cual pasó el universo hace unos 13.000 a 14.000 millones de años. Desde entonces, se está expandiendo. Eso sí que es *Terra Cognita*. Pero hoy por hoy, en 2020, cualquier titular que pretenda dar la respuesta a lo que pasó antes es impreciso, o está mal informado, o bien nos quiere "vender la moto".

La confusión entre las dos "terrae" nutre nociones equivocadas como que "en ciencia todo se puede cuestionar en cualquier momento". Pues, no. Su GPS no va a dejar de funcionar. La antimateria no va a dejar de existir. Las leyes de Newton no van a dejar de acertar lejos de la velocidad de la luz, o en un campo gravitacional débil. Los electrones de su ordenador no van a dejar de acatar la ecuación de Schrödinger. Los millones de experimentos (cada GPS es uno) que cuadran con las teorías que conocemos no van a dejar de cuadrar. Ya se hicieron. ¿Acaso podría cambiar el pasado? Lo que es *Terra Cognita* permanecerá así. Es irreversible. Por eso es *Terra Cognita*. Sin embargo, todo lo demás, todo lo que puebla la *Terra Incognita* (cuerdas, bucles, singularidades, etc.), sí que puede cambiar. Por eso es *Terra Incognita*.

La única razón por la que la *Terra Cognita* pudiera volverse *Terra Incognita* es que de repente cambiaran las leyes de la naturaleza. Es cierto que la estabilidad de dichas leyes en el futuro es una suposición. No hay forma de comprobar hoy que las leyes de Newton seguirán siendo ciertas en 100 años (mientras que sí hay forma de comprobarlo para el pasado[142]). Es cierto que el escritor francés René Barjavel basó su novela *Destrucción*[143] en un cambio brusco de las leyes de la naturaleza. Pero nunca he visto a nadie tomarse esta posibilidad en serio fuera de una novela. Por ejemplo, nunca he visto a alguien con miedo a volar por temor a que cambiaran las leyes de la mecánica de fluidos durante el vuelo. Esto equivaldría, finalmente, a poner todo en duda bajo pretexto de que el Sol podría no salir mañana[144]. Prefiero reservar mis dudas para otros asuntos.

También la mismísima palabra "teoría" es objeto de confusiones tan frecuentes como aburridas. Un capricho del lenguaje ha llevado a que, en ambos casos, a la teoría de la relatividad general y a la teoría de cuerdas, por ejemplo, se las designe por "teoría". La primera acampa claramente en la *Terra Cognita*. La segunda mora claramente en la *Terra Incognita*. La primera viene avalada por millones de experimentos u observaciones. La segunda es una hipótesis. Pero, ¡oh capricho del lenguaje!, a ambas se las designa por la misma palabra: "teoría". De ahí que se asalte con frecuencia a serenas "teorías" de la *Terra Cognita* como si fueran "hipótesis", un salto semántico que algunos practican como si fuera un deporte nacional.

Confusión entre actores

Recuerdo un anuncio de la seguridad social en el que todo el mundo llevaba bata de médico. La gente paseaba por el mercadillo, tomando nota de las prescripciones médicas de su vecino, del panadero o del pescadero.

Mensaje numero 1: "Si quieres medicamentos, pídele consejo a tu médico. Y si quieres buen pescado, pídele consejo a tu pescadero".

También hace un par de años, mi hijo se despertó con fuertes dolores en el vientre. Acudimos al Dr. Fulanito, su pediatra que, sospechando una apendicitis, le mandó a urgencias. Al llegar a urgencias, nos preguntaron enseguida:

- ¿Quién es su pediatra?

- Dr. Fulanito.

Al oír la respuesta, se tomaron muy en serio la sospecha. Y con razón. Era una apendicitis. El Dr. Fulanito tenía reputación de alguien muy serio que no mandaba un chico a urgencias para nada. No lo sabíamos, pero los profesionales del hospital, sí que lo sabían.

Mensaje numero 2: Los más cualificados para evaluar a los médicos son los demás médicos. Por eso los exámenes de quinto de medicina los corrigen médicos, no ingenieros o pianistas.

¿A dónde quiero ir? De forma extraña, lo que parece obvio para los médicos deja de serlo para los físicos. O como lo dijo el difunto experto en teoría de cuerdas Joe Polchinski,

"La cantidad de personas que nunca han estudiado ciencias pero que se sienten calificadas para presentar sus ideas es remarcablemente grande: curiosamente, el 99% son hombres". [145]

Esto genera aún más confusión. No entre territorios como antes, sino entre actores. Antes del siglo XIX, antes de que se encontraran las fuentes del Nilo, había exploradores que iban por el terreno, había también observadores que se quedaban en Londres o en Paris pero estaban muy al tanto de las exploraciones y, por último, seguramente también había cantamañanas que desde Londres o París pensaban que sabían más y mejor que los exploradores, sin haber pisado un barco.

Las cosas no han cambiado. Otros tiempos, los mismos papeles. En cualquier campo del conocimiento humano sigue habiendo exploradores que contribuyen directamente al progreso del conocimiento. Sigue habiendo observadores, que no obran directamente en la frontera, pero que están al tanto de lo que pasa. Y por desgracia, sigue habiendo cantamañanas, que no investigan en serio, pero creen saber más que los exploradores.

Para dar otra imagen geográfica, podríamos decir que el investigador, el "explorador", es alguien que conoce muy bien, casi a fondo, una calle de Madrid. Conoce su historia, sabe por qué lleva el nombre que lleva, cuántos habitantes tiene, si por debajo hay cloacas o pasa el metro o ambos, etc. Obviamente no puede mantener tal nivel de conocimiento para todas las calles de Madrid y del mundo. Solo tiene un cerebro. De cara a las demás calles, es como cualquier observador. Las conoce, sabe dónde están, a lo mejor amigos suyos viven cerca, y ya está. En cuanto al cantamañanas, pontifica sobre cada calle de Madrid, empezando sus discursos de forma teatral, con frases del tipo: "¡me gusta tanto contemplar el Parque del Retiro desde la primera planta de la Torre Eiffel!".

Desde el cambio climático a la edad del universo, pasando por la eficacia de las vacunas, los cantamañanas siembran confusión. El problema es que pasan fácilmente desapercibidos, de modo que el público no informado se traga fácilmente su discurso. Hay que admitir que si no me pueden contar cualquier simpleza sobre Madrid o París, me engañarán fácilmente hablándome de Tokio o Gaborone. Nadie puede ser especialista en todo, de modo que todos estamos a la merced de unos cantamañanas.

¿Cómo reconocerles? Mirando a sus trabajos científicos, su experiencia de la frontera. Así se verá si su experiencia les capacita para dar lecciones a los exploradores.

En cuanto a física o astrofísica, la base de datos de acceso gratuito "Astrophysics Data System" (*ui.adsabs.harvard.edu*), mantenida por la NASA y el Centro de Astrofísica Harvard-Smithsonian, recoge todos los artículos especializados en estos campos, desde hace unos 100 años[146]. Un vistazo a esta base de datos permite saber en qué liga juega la persona. ¿Y qué hay de los diplomas? ¿Acaso lucir un doctorado capacita para dar lecciones a una comunidad científica? No. ¿Acaso un cardiólogo recién terminado el MIR, incluso con sus 11 años de estudios, está al nivel de un Valentín Fuster? No. Sin ánimo de humillar a nadie, y salvo excepción, un recién doctorado, autor de un par de artículos internacionales de investigación, es un canterano. Del Barça o de Madrid, quizás, pero un canterano. Puede que un canterano prometa, pero no se le puede comparar con Andrés Iniesta o Sergio Ramos, con los exploradores experimentados que han pasado su vida allí fuera. A un explorador no se le reconoce por su diploma, sino por sus aportes al conocimiento. Freeman Dyson no tenía doctorado, lo que no impidió que el "Institute for Advanced Study" de Princeton (donde estaba Einstein) le fichara en 1951 a la vista de su talento.

La prensa generalista o las redes sociales tienden a presentar a todos los científicos en pie de igualdad, concediéndoles una importancia nada basada en sus contribuciones científicas. Acabo, por ejemplo, de buscar en Google la lista de los científicos más importantes del momento. Sale en primer lugar una lista de científicos ordenada según… ¡su número de seguidores en Twitter! Pero la fama mediática no es un indicador de reconocimiento científico. Para nada. Este reconocimiento se puede comprobar fácilmente mirando sus artículos en la web "Astrophysics Data System", ordenándolos por número de citas. Puede que Stephen Hawking haya sido el único cuya fama mediática empataba con su valía como científico. Pero, ¿quién ha oído hablar de Lev Landau, Paul Dirac, Hans Bethe, Richard Feynman, Steven Weinberg, Lise Meitner, Yákov Zeldóvich, Edwin Salpeter, John Wheeler, Sidney Coleman, Juan Maldacena, Peter Goldreich, Roger Penrose, Lisa Randall o Roger Blandford? Salvo los 5 primeros, los demás no son premio Nobel y no tienen, o no tuvieron, la fama mediática de Stephen Hawking. Sin embargo, todos han tenido una influencia sobre la ciencia de su tiempo que sobrepasa la de unos cuantos premios Nobel.

Finalmente, en conexión con esta confusión entre actores, hay también confusión entre "mensajeros" y "emisores".

Los "emisores" son el origen del mensaje. Stanley sabía dónde estaban las fuentes del Nilo porque las había visto él mismo. Einstein conocía sus ecuaciones porque las había descubierto él mismo. George Lemaître sabía que las ecuaciones de Einstein podían dar un universo en expansión porque las había resuelto él mismo. Los físicos que investigan en un campo concreto son los emisores, los generadores de conocimiento para ese campo.

Los "mensajeros" son quienes transmiten el mensaje. Por ejemplo, los periodistas científicos o, a veces, algunos famosos. Y resulta muy fácil atacar al mensajero en lugar de al emisor. Cuando algunos se burlan del excelente documental sobre cambio climático *Before the Flood* de Leonardo Di Caprio, bajo pretexto de que este no tiene formación científica alguna, pienso: "¿y qué?". Lo que quiero de Di Caprio es que transmita correctamente el mensaje. Que sea un fiel mensajero. Y eso lo puede hacer sin estudios científicos. Sin estudios, no se puede emitir un mensaje sobre la ciencia del clima, pero sí transmitirlo fielmente. Y Di Caprio lo hace muy bien. Atacarlo a causa de sus diplomas o atacar Bill Nye ("el señor Ciencia" en EEUU) viene a ser como matar al mensajero. Muy tentador, pero algo tontito.

Si alguien quiere atacar lo que Di Caprio dice en su documental, no son sus diplomas los que hay que desprestigiar, sino los diplomas y la experiencia de científicos del clima como Stefan Rahmstorf, Katherine Hayhoe, Herve Le Treut, Michael Mann, Richard Alley, Edouard Bard, James Hansen o Raymond Pierrehumbert. Además, me costará mucho dar crédito a dichos ataques si ese alguien está muy lejos de jugar en la misma liga que los expertos citados.

Si atacara a Valentín Fuster hablando sobre cardiología, todo el mundo me preguntará, y con razón, si puedo presumir de una experiencia similar. Pero, por alguna razón que no me explico muy bien, lo obvio en cardiología deja de serlo en física. Puede que los que tergiversan el Big Bang no se atrevan a hacerlo con su propio corazón.

Resumimos:

- Ojo con los asuntos ubicados en *Terra Cognita* cuando en realidad no pertenecen a ella.
- Ojo con los falsos expertos.
- Ojo con los ataques a los mensajeros.
- Ojo con los ataques a los emisores de primera división por parte de jugadores de quinta.

¿Dónde informarse entonces?

En medio de tanta confusión, ¿dónde informarse? ¿Dónde me dirán con bastante seguridad si tal teoría está bien establecida o es especulativa?

Una respuesta muy sencilla es… Wikipedia. En 2005, la prestigiosa revista científica británica Nature hizo una encuesta para evaluar la fiabilidad de Wikipedia[147]. Pidieron su opinión a expertos sobre 42 artículos científicos en Wikipedia y en la Enciclopedia Británica. ¿El veredicto? "Wikipedia se acerca a la Británica en cuanto a la precisión de sus artículos científicos". A la Británica no le gustó.

No recuerdo haber visto un error importante en los artículos Wikipedia que tratan temas sobre los cuales tengo algún conocimiento, es decir física, astrofísica, ciencia del clima o energía. Wikipedia es un mensajero, claro. Pero como buen mensajero, siempre cita fuentes primarias, es decir, fuentes escritas por los emisores del conocimiento aludido. Al menos es lo que he podido comprobar con los artículos que consulto con frecuencia.

Las revistas especializadas como *Nature* o *Science* son 100% obra de emisores, o de excelentes mensajeros. Desafortunadamente, están en inglés, y son de pago. En general, todas las revistas científicas en las que escriben los investigadores están en inglés, y son de pago. Hay excepciones interesantes como *New Journal of Physics* o *Nature Scientific Reports*[148]. Las revistas especializadas son las denominadas "revistas con revisión por pares", porque uno o varios expertos examinan los artículos antes de su publicación, para asegurarse de que no contienen errores obvios y sí datos nuevos, para que la gente no pierda su tiempo. El agua tibia ya está inventada. Nadie quiere perder el tiempo leyendo más sobre ello.

También se puede destacar la revista española *Investigación y Ciencia*, edición española de la estadounidense *Scientific American*. No se publica con revisión por pares, pero tiene como peculiaridad que los autores de sus artículos de divulgación son científicos involucrados en el campo. Aquí, los mensajeros son los mismos emisores, garantía de fiabilidad de la información.

Hace falta tiempo para hacerse una idea del estado del arte en un campo del conocimiento, del mismo modo que hace falta tiempo para conocer Madrid y tener fichados sus diversos barrios (estoy en ello).

Quisiera terminar esta sección con unos consejos a tener en cuenta para seguir la actualidad científica:

1. Preguntarse, ¿lo que leo es *Terra Cognita* o no? Esto puede deducirse leyendo varios artículos sobre el mismo tema, repartidos en el tiempo. Si 20 artículos o libros leídos a lo largo de 1 año ubican mi tema en *Terra Cognita*, es muy probable que lo sea de verdad.
2. Consultar a alguien que sepa de ciencia. Actuará como un guía de montaña: un guía me lleva directamente a sitios encantadores que tardaría años en encontrar por mi mismo. Del mismo modo, la amiga o el amigo que sabe de ciencia me lleva directamente a los artículos y a los autores fiables.
3. Cuidado con los titulares sensacionalistas tipo: "Toda la física está por revisar". Buscar siempre la fuente de la información, y comprobarla. Buscar el estudio original que da lugar al artículo. Si el artículo de prensa no cita su fuente, considerarlo como dudoso.
4. Un vídeo de YouTube o una página de Blog no son una "fuente". Como bien dijo Miguel de Cervantes, "cuidado con los que lees en el Internet". La fuente debería ser un estudio publicado en una revista con revisión por pares. Aún más, si la noticia es sensacionalista.
5. Cuidado con los sesgos ideológicos. La singularidad del Big Bang, por ejemplo, tiene una gran carga ideológica. Unos quieren un comienzo, otros no. A veces, dos autores quieren

lo mismo, pero por razones opuestas. Es muy tentador entonces filtrar la información para quedarse solo con la que sostiene un determinado punto de vista, olvidando todo lo demás. Con este juego, cualquiera puede inventarse un consenso científico sobre un Big Bounce, un comienzo, o un multiverso. Es declarar *Cognita* parte de la *Terra Incognita*. Por muy fácil y tentador que sea, sigue siendo sesgado.
6. En fin, tratar cualquier noticia como si fuera el día de los santos inocentes.

¿Tenía Dios elección?

Se acerca el final. Citaré a Albert Einstein para que me perdonen este título tan sensacionalista,

Lo que realmente me interesa es si Dios pudo haber creado el mundo de manera diferente; en otras palabras, si el requisito de simplicidad lógica admite un margen de libertad.[149]

A Einstein le interesaban las leyes fundamentales de la naturaleza. Siendo más bien un panteísta que creía en el "Dios de Espinoza", podríamos resumir así su ansia más fundamental: "¿Tenía Dios elección?". Curiosamente, esta pregunta, que parecía reservada a los filósofos y los teólogos, puede plantearse ahora (no he dicho *contestarse*) desde la física.

Supongamos que conocemos con seguridad las leyes más fundamentales del universo, y que somos capaces de extraer de sus ecuaciones matemáticas cualquiera de sus consecuencias. ¿Acaso nos dirían que el mundo debe contener electrones con masa y carga? ¿Aún habría campos eléctricos y magnéticos regidos por las ecuaciones de Maxwell? ¿Habría necesariamente gravedad descrita por la relatividad general? Dicho de otro modo, ¿es el mundo que vemos el único lógicamente posible, o no? En las ecuaciones que describen las leyes de la naturaleza que conocemos, hay parámetros como la velocidad de la luz, la constante de gravitación universal, la constante de Planck, etc. ¿Podrían tener un valor diferente del que tienen? Y estas ecuaciones, ¿podrían ser de otra forma?

Respuesta corta: según la física de 2020, no lo sabemos.

Empecemos con la respuesta más larga. Hablaremos de la teoría de cuerdas, inflación y ajuste fino.

¿Es posible otro mundo?

Como vimos anteriormente, la inflación aún es debatida, y la teoría de cuerdas es aún más especulativa. Sin embargo, vale la pena comentar una consecuencia del dúo que forman.

Para empezar, la teoría de cuerdas no permite un solo mundo. Sus ecuaciones no imponen un único universo, aunque solo sea porque las dimensiones extra de las que hablamos antes pueden enrollarse de muchísimas formas diferentes, dando lugar cada una de ellas a un universo diferente. A este conjunto de universos que permite la teoría de cuerdas, se le llama "paisaje de las cuerdas". ¿Cuántos universos contiene? No se sabe exactamente. Pero según escribe Leonard Susskind, gran experto en el tema,

> *"es muy probable que el número no se mida en millones o miles de millones, sino en googles o googleplexes".* [150]

Un "google" es un 1 seguido de 100 ceros. Un "googleplex", es un 1 seguido de un google de ceros. Así pues, muchos.

Puede entonces, según la teoría de cuerdas, que haya un número gigantesco de mundos lógicamente posibles.

Pero, ¿existen de verdad, o el nuestro es el único real y los demás son solo una mera posibilidad? Entra aquí en juego la inflación, de un modo ya comentado al referirnos al libro de Lawrence Krauss. Si la inflación puede ampliar exponencialmente cualquier fluctuación del vacío cuántico, ¿por qué no va a ocurrir sin parar? Es más o menos exactamente lo que ciertos modelos de inflación implican. Que la inflación es eterna. Nunca para. Desde cualquier punto de cualquier universo puede surgir otro universo, como una burbuja que crece desde la superficie de un globo. Pronto, desde esta misma burbuja crecerá otra, y así sin cesar. Estos universos nacen tan densos y calientes que son inicialmente regidos por la teoría de cuerdas. Nuestra mecánica cuántica y nuestra relatividad general no bastan. Al nacer, la teoría de cuerdas aún no especifica qué partículas habrá, con qué fuerzas, etc. Luego se expanden y se enfrían. Llega entonces un momento cuando la teoría de cuerdas "tiene que elegir" la física del universo. Un poco como la superficie de un lago "elige" una forma cuando se congela. En verano, la superficie de un lago finlandés está agitada por gran diversidad de olas. Su forma no deja de cambiar. Pero llega el invierno y se congela. Entonces "elige" una forma para su superficie, y permanecerá meses con ella. Del mismo modo, al expandirse y enfriarse, un universo recién nacido "elige" una de las soluciones de la teoría de cuerdas. Y así, el tándem inflación/cuerdas genera tantos universos diferentes como queramos. A esta multitud de universos se le llama el "multiverso".

Obviamente, la idea parece descabellada. Pero, independientemente de si es cierta o no, ¿parece descabellada porque lo es, o porque no estamos acostumbrados? No me atrevería a zanjar la cuestión. Hubo un tiempo cuando parecía descabellado suponer que había otros soles, con otros planetas orbitándoles (Giordano Bruno tendría mucho que comentar al respecto). Hoy, después de buscar durante apenas un par de décadas, se han detectado casi 4.000 planetas que orbitan otros soles[151], y se estima que hay más de 10^{22} (un 1 seguido de 22 ceros[152]) planetas en el universo observable (10^{12} galaxias[153], con unos 10^{10} planetas en cada una[154]).

Algo similar pasó con las galaxias. Hace mucho tiempo que sabemos que nos aloja un enjambre de innumerables estrellas. Basta con mirar el cielo, lejos de la ciudad, en una noche despejada, para observar una especie de mancha blanca que parte el cielo en dos. Es nuestra galaxia vista de lado. La vemos igual que una fresa vería la tarta de la que forma parte. "Vía Láctea" la nombraron los griegos antiguos. Pero, ¿qué hay de las demás galaxias? Curiosamente, hizo falta esperar hasta los años 20 del pasado siglo para que se estableciera que nuestra vecina "Andrómeda" no era un objeto más de nuestra galaxia, sino otra galaxia, completamente separada de la nuestra. Fue otro debate que hubiéramos podido contar. Tras la resolución de la cuestión, lo llamaron el "Gran Debate"[155]. Nuestro amigo Hubble fue uno de sus protagonistas.

Otros planetas. Otras galaxias… Otros universos. ¿Por qué no? Puede que la idea no sea cierta. Pero no por descabellada. La historia de la ciencia demuestra que lo descabellado muy a menudo termina siendo cierto: tiempo relativo, espacio flexible, antimateria, tectónica de placas, entrelazamiento cuántico, superconductividad… Deberíamos estar acostumbrados.

Si todo esto es cierto, si ocurre de verdad, entonces hay un montón, un "googleplex" de universos diferentes allí fuera, donde se materializan todas las posibilidades ofrecidas por la teoría de cuerdas. En unos el electrón pesa más, o hay 4 dimensiones de espacio; en otros la gravedad es más fuerte o más débil, la luz va más rápido, o menos, etc. En unos la vida es posible y en otros no, lo que explicaría el enigma del "ajuste fino".

Si la inflación eterna y la teoría de cuerdas son ambas ciertas, la respuesta a la pregunta de Einstein: "¿Tenía Dios elección?", es "sí, tenía elección". Sin embargo, el ajuste fino podría matizar las cosas.

Veamos ahora eso del "ajuste fino".

El ajuste fino
El ajuste fino es un asunto que quiero comentar ahora que nos acercamos al final del libro, aunque solo sea por su omnipresencia en la actualidad científica y su conexión con las especulaciones anteriormente mencionadas. ¿De qué se trata?

Cuando tengo unas leyes de la naturaleza y las matemáticas necesarias para saber qué predicen, no puede ser aburrido indagar lo que pasaría si las leyes fueran diferentes o, más bien, si las constantes que aparecen en ellas fueran otras. Esta posibilidad aparece con Newton y sus leyes expresadas en forma matemática. Luego vino el desarrollo de la física y de la química. En 1913 ya se sabía lo suficiente para que el estadounidense Lawrence Henderson se diera cuenta de que si la Tierra estuviera más cerca del Sol, o más lejos, o más o menos lo que fuera, sería muy difícil que albergara vida[156]. Con la llegada de la relatividad y de la mecánica cuántica, y la sensación de que hemos llegado a entender razonablemente bien lo que está a nuestro alcance, no es irrazonable preguntarse de forma sistemática si un universo con unas constantes diferentes podría albergarnos. La repuesta corta es "no".

Las ecuaciones de la relatividad general dependen solo de dos parámetros[157]: la velocidad de la luz y la constante de gravitación universal. Las ecuaciones de Maxwell solo dependen de la velocidad de la luz. Las ecuaciones de la mecánica cuántica, como la "ecuación de Schrödinger", dependen de la constante de Planck. Hay otras constantes en otras leyes que no voy a detallar. Además, tenemos las masas y las cargas de las partículas conocidas. Así que tenemos varios parámetros (números) con los que juguetear. Surge entonces la pregunta: ¿qué pasa si los cambio? Un ejemplo: ¿qué pasa con la vida de una estrella si en mis cálculos pongo otra velocidad de la luz, u otra carga del electrón? Si en lugar de 300.000 km/s pongo 100.000 km/s para la velocidad de la luz cuando hago mis cálculos, ¿cambian las cosas? Sí, cambian mucho. Puede que mi estrella muera demasiado rápido para que la vida tenga tiempo de desarrollarse en un planeta que la orbita. O puede que se modifique el "estado de Hoyle" anteriormente comentado, de modo que mi estrella no pueda fabricar carbono, y tampoco núcleos más pesados. Me quedo entonces con un aburrido universo de hidrógeno, quizás con algo de helio, litio y nada más[158].

Como vemos, toquetear las constantes nos lleva a una conclusión sorprendente: parecen ajustadas para que la vida pueda existir. En su libro *Seis números nada más: las fuerzas profundas del universo*, el astrofísico británico Martin Rees recoge más ejemplos[159]. En el más reciente *A Fortunate Universe: Life in a Finely Tuned Cosmos*, los astrofísicos Geraint Lewis y Luke Barnes hacen un repaso bastante completo de lo que deja de funcionar cuando se modifican las constantes, de la física nuclear a la cosmología[160]. Incluso las dimensiones del espacio-tiempo del universo tienen que ser las que son, tres de espacio y una de tiempo, para evitar un "mundo muerto", según dice Max Tegmark del Massachusetts Institute of Technology[161]. Llamamos "ajuste fino" a este aparente ajuste de las constantes para que pueda existir vida.

Permítanme ser directo: no estamos hablando de la última moda seudocientífica. La Universidad de Cambridge o el Massachusetts Institute of Technology no tienen por costumbre fichar o publicar a energúmenos. El ajuste fino no es nada más que la constatación de un hecho. Es *Terra Cognita*. Eso sí, su explicación es otra cosa, es *Terra Incognita*.

¿Cuál es la conexión con la teoría de cuerdas? Si estando en el desierto tengo sed y un vaso de agua soltado desde 1.000 metros de altitud me cae justo encima, tengo mucha suerte. Pero, ¿y si llueve? Entonces, seguro que me mojaré. No me queda más remedio. El multiverso ofrece el mismo tipo de respuesta al enigma del ajuste fino. Si hay *tropecientos* universos con constantes diferentes en cada uno de ellos, si "llueven universos", uno tendrá la buena combinación de constantes, y nosotros estamos en él, en ese uno.

Pero si nuestro universo es todo lo que hay, debemos admitir que tenemos muchísima suerte, o que un Dios ha diseñado las cosas. Como dijo en 2013 Nima Arkani-Hamed del "Institute for Advanced Study" de Princeton (donde estaba Einstein):

> *"…[si no hay multiverso], empezaría a volverme religioso"*.[162]

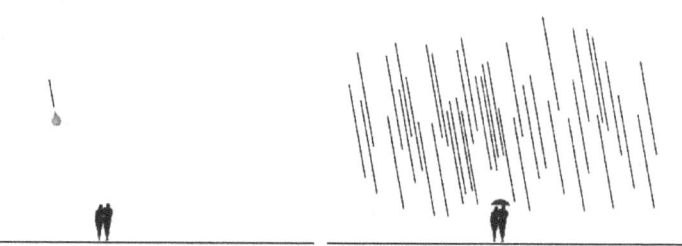

Si María y Pedro andan y que cae una sola gota de agua, tendrán muchísima suerte si se les cae encima. Pero si llueve, necesitaran un paragua. Del mismo modo, si "cayo" un único universo, hizo falta mucha suerte para que ese único tenga leyes que permitan la vida. Pero si llueven universos, uno tendrá las buenas combinaciones.

Volvamos ahora a la pregunta de Einstein: "¿Tenía Dios elección?". Si la teoría de cuerdas y la inflación eterna son ambas ciertas (un gran "si" por cierto), entonces la respuesta podría ser: "Si se trata de elegir un universo que cumpla con las reglas de la lógica y nada más, entonces sí, parece que Dios tenía elección. Pero si se trata de elegir un universo que permita nuestra existencia, entonces no, no parece que tuviera mucho margen".

Finalmente, cabe la posibilidad de que la "teoría del todo" real no sea la teoría de cuerdas, sino otra que determine por sí misma el valor de las constantes fundamentales. Después de todo, algo semejante pasó en el siglo XIX con las leyes del electromagnetismo. En su infancia, dichas leyes contaban con dos constantes, hasta que la gente se dio cuenta de que el producto de estas dos era igual a la velocidad de la luz (al cuadrado)[163]. Las dos constantes no eran independientes, la una de la otra, como parecía al principio, sino que estaban relacionadas entre sí mediante su producto. Dada una, el valor de la otra viene dado automáticamente.

Si ese fuera el caso, si el valor de las constantes que aparecen en las leyes de la naturaleza viniera dado por reglas aún desconocidas, entonces Dios no habría tenido elección. Habría un único universo lógicamente posible: el nuestro.

Conclusión

"Hoy no podemos ver si la ecuación de Schrödinger contiene o no ranas, compositores musicales o moralidad. No podemos decir si es necesario algo más, como Dios, o no. De modo que, en cualquier caso, podemos tener opiniones firmes".[164]

Richard Feynman

No me gusta la palabra "ciencia", ni las expresiones tipo "yo creo en la ciencia". Me parece que conllevan la idea que la "ciencia" es una actividad muy misteriosa, llevada a cabo por gente con batas blancas y gafas enormes, en un idioma voluntariamente hermético y que llegan a conclusiones completamente arbitraria. Espero haber contribuido a desmitificar esto. Espero haber mostrado que la "ciencia" no es nada más que una extensión del sentido común, o parafraseando a Richard Feynman, "el arte de no dejarse engañar"[165].

No "tengo fe" en el Big Bang. Como dice el libro de hebreos en el Nuevo Testamento, la fe es "la convicción de lo que *no* se ve"[166]. Aquí, la expansión del universo, la vemos. Las pruebas de la relatividad general, las vemos. La radiación de fondo microondas, la vemos. La abundancia de los núcleos ligeros predicha por la nucleosíntesis primordial, la vemos. Y hay más. En cuanto uno se entera de lo que hay por debajo, deja de "creer en la ciencia" para, simplemente, constatar lo que hay.

Espero también haber transmitido la importancia de saber dónde está la frontera del conocimiento. Lo que vimos en la *Terra Cognita* aun estará en ella dentro de 100 años. En cambio, lo que vimos en la *Terra Incognita* seguramente habrá cambiado mucho. Muchas teorías habrán muerto, del mismo modo que la teoría del universo estacionario murió en el siglo XX. Otras teorías habrán pasado a ser *Terra Cognita*. Siempre tendremos estas dos tierras. Pero, para evitar confusiones, siempre resultará interesante saber quién habita cada una de ellas.

Dicho de otro modo, este libro caducará porque parte de lo anunciado en *Terra Incognita* pasará a ser *Terra Cognita*. No al revés.

Tampoco he hablado de otros enigmas contemporáneos, como, por ejemplo, la materia oscura o la energía oscura. Ambas son sustancias que detectamos indirectamente por sus efectos en varios entornos. La segunda tenía incluso "su sillón" preparado en las ecuaciones de Einstein (la "constante cosmológica"). Aquí también hay *Terra Cognita* y *Terra Incognita*. No sabemos si estas dos "oscuras" requieren leyes aún desconocidas u observaciones más finas, o ambas cosas. También aquí hay una frontera que se deja dibujar leyendo la prensa científica seria y teniendo cuidado para no dejarse llevar por la ideología.

¿Y si nunca sabemos lo que hubo antes del Big Bang? Poner a prueba las teorías necesarias para indagar el "pre-Big Bang" requiere circunstancias extremas. Podría imaginar que en 500 años no se logre hacer. Puede que para entonces la teoría haya progresado hasta el punto de que no deje más que una opción lógica, pero aun faltaría el visto bueno de la naturaleza. Estaríamos entonces sufriendo como Tántalo, incapaces de saciar nuestra sed a tan poca distancia del agua[167].

¿Y, en todo esto, estará Dios o no? Como hemos visto, el tema del comienzo del universo lleva mucha carga teológica. George Lemaître fue extremadamente prudente a la hora de sacar conclusiones teológicas de su cosmología cuando dijo,

> *"Personalmente, estimo que tal teoría queda enteramente fuera de toda cuestión metafísica o religiosa".* [168]

Sin embargo, otros no toman las mismas precauciones. Desde Lawrence Krauss, quien anuncia explícitamente su voluntad de prescindir de un creador, hasta apologetas cristianos como Hugh Ross o William Craig, que hacen del comienzo del universo una prueba de la existencia de un creador, resulta irónico comprobar cómo el mismo escenario, el de un comienzo del universo, puede "forzarse" para defender ideologías completamente opuestas.

El planteamiento de Krauss parte claramente de la premisa de que ningún dios es "necesario" cuando las cosas se explican desde las leyes de la naturaleza. Es un concepto tipo "dios tapa agujeros", superficial y algo necio, que Jesus obviamente no compartía cuando dijo que Dios alimenta a las aves del cielo (Mateo 6:26). Einstein no tenía una concepción tan primitiva de la divinidad cuando escribió,

> *"Creo en el Dios de Spinoza, que se revela a sí mismo en la armonía de las leyes del mundo, no en un Dios que se ocupa de los destinos y las acciones de los hombres".* [169]

Es difícil estar exento de cualquier sesgo ideológico. Como hemos podido ver, la *Terra Incognita* deja mucha libertad. Y es muy tentador trasladar a la *Terra Cognita* una idea que nos gusta, o rechazar otra idea que habita allí. Lo importante es ser consciente de ello y someterse a la realidad cuando llegan datos que "no nos gustan".

Einstein supo hacerlo y revisar su idea de un cosmos estático. Pasó de cualificar la propuesta de Lemaître de "abominable" en 1927, a declarar en 1931, que "el corrimiento al rojo de las nebulosas distantes ha destrozado mi antigua construcción como un martillo"[170].

Trofim Lysenko[171] no supo hacerlo y desarrolló una biología sin contacto con la realidad.

A ver qué modelo elegimos.

Bibliografía breve

En castellano

Albert Einstein, *Sobre la teoría de la relatividad especial y general*, El Libro de Bolsillo, 2012.

Martin Bojowald, *Antes del Big Bang*, Debolsillo, 2015.

Lawrence Krauss, *Un Universo de la Nada*, El Origen Sin creador, Editorial Pasado, 2013.

Stephen Hawking, *Historia del tiempo: Del big bang a los agujeros negros*, El Libro de Bolsillo, 2011.

Martin Rees, *Seis números nada más: las fuerzas profundas del universo*, Editorial Debate, 2001.

Richard Feynman, *¿Está usted de broma, Sr. Feynman?* Libros Singulares, 2018.

Brian Greene, *El universo elegante: Supercuerdas, dimensiones ocultas y la búsqueda de una teoría final*, Booket, 2012.

Brian Greene, *El tejido del cosmos: Espacio, tiempo y la textura de la realidad*, Editorial Crítica, 2016.

Hubert Reeves, Joël de Rosnay, Yves Coppens, *La historia más bella del mundo. Los secretos de nuestros orígenes*, Argumentos, 2016.

Lee Smolin, *Las dudas de la física en el siglo XXI: ¿Es la teoría de cuerdas un callejón sin salida?* Editorial Crítica, 2016.

Kip S. Thorne, *Agujeros negros y tiempo curvo: El escandaloso legado de Einstein*, Editorial Crítica, 2010.

Roger Penrose, *El camino a la realidad: Una guía completa de las Leyes del Universo*, Debate, 2015.

Roger Penrose, *Ciclos del tiempo: Una extraordinaria nueva visión del universo*, Ensayo-Ciencia, 2017.

Iván Agulló, *Más allá del Big Bang: Un breve recorrido por la historia del universo*, Debate, 2020.

Dominique Lambert, *Ciencia y fe en el Padre del Big Bang*, Sal Terrae, 2015.

En ingles
Paul Steinhardt y Neil Turok, *Endless Universe: Beyond the Big Bang*, Doubleday, 2007.

Joseph Conlon, *Why String Theory?* CRC Press, 2015.

Geraint F. Lewis y Luke A. Barnes, *A Fortunate Universe: Life in a Finely Tuned Cosmos*, Cambridge University Press, 2016.

Terje Oestigaard, Gedef Abawa Firew, *The Source of the Blue Nile: Water Rituals and Traditions in the Lake Tana Region,* Cambridge Scholars Publishing, 2014.

Notas

[1] "Imagine that 'the world' is something like a great chess game being played by the gods, and we are observers of the game. We do not know what the rules of the game are; all we are allowed to do is to watch the playing. Of course, if we watch long enough, we may eventually catch on to a few of the rules. The rules of the game are what we mean by fundamental physics."
Richard Feynman, *Feynman' Lectures on Physics*, volumen 1, capitulo 2.

[2] Técnicamente se llama fuerza nuclear "fuerte". Hay otra fuerza nuclear denominada "débil". Pero nos conformaremos aquí con "fuerza nuclear", pidiendo disculpas a los y las que saben de física nuclear.

[3] Hay límites que veremos en el capítulo sobre agujeros negros.

[4] Por eso la fusión nuclear es tan prometedora, y tan difícil de explotar.

[5] *Casi* todas, pero dejemos esto.

[6] "12 to 14 billion years ago, the portion of the universe we can see today was only a few millimeters across. It has since expanded from this hot dense state into the vast and much cooler cosmos we currently inhabit" - https://wmap.gsfc.nasa.gov/universe/bb_theory.html

[7] Albert Einstein, *Sobre la teoría de la relatividad especial y general*, El Libro De Bolsillo, 2012, p. 136.

[8] Cuento la versión corta de la historia. La versión más larga empieza, al menos, en 1922 con Vesto Slipher. Ver, por ejemplo, el artículo de Wikipedia sobre "Ley de Hubble-Lemaître", o para un relato más técnico, Steven Weinberg, *Gravitation and Cosmology: Principles and Applications of the General Theory of Relativity*, §14.3.

[9] Ver por ejemplo, Jarrett, Thomas, *Large Scale Structure in the Local Universe - The 2MASS Galaxy Catalog*, Publications of the Astronomical Society of Australia, Volume 21, Issue 4, pp. 396-403, 2004.

[10] Habría matices cosmológicos, pero los dejaremos.

[11] La británica Mary Somerville expuso la misma idea en 1842, en su libro *On the Connexion of the Physical Sciences*, pero no hizo el cálculo.

[12] Existe en inglés una frase que permite recordar el orden de los planetas: "**M**y **V**ery **E**xcellent **M**other **J**ust **S**erved **U**s **N**oddles", que da "**M**ercury, **V**enus, Tierra (**E**arth), **M**ars, **J**upiter, **S**aturno, **U**rano y **N**eptuno".

[13] Había más enigmas en el aire, como la denominada "catástrofe ultravioleta", que dio lugar a la mecánica cuántica.

[14] *El Ensayador*, Galileo Galilei, 1623.
[15] El articulo Wikipedia sobre "Historia de la relatividad especial" lo cuenta muy bien.
[16] "Spacetime tells matter how to move; matter tells spacetime how to curve." Charles Misner, Kip Thorne, John Wheeler, *Gravitation*, Princeton University Press, 2017, p. 5.
[17] L. D. Landau, E. M. Lifshitz, *Curso de Física Teórica Vol.2, Teoría Clásica De Campos*, §82.
[18] A. Biswas and K. Mani. *Relativistic perihelion precession of orbits of Venus and the Earth*. Central European Journal of Physics, 6:754, 2008.
[19] Peter Coles, *Einstein, Eddington and the 1919 Eclipse*, in Proceedings of International School on "The Historical Development of Modern Cosmology", Valencia 2000, eds V.J. Martinez, V. Trimble &
M.J. Pons-Borderia, ASP Conference Series. Versión gratis: https://arxiv.org/abs/astro-ph/0102462
[20] El británico Andrew Crommelin lideró una expedición gemela para observar el mismo eclipse desde Sobral, en Brasil.
[21] Hizo falta tiempo para analizar los datos y Einstein recibió el telegrama de la buena noticia cuatro meses después, el 27 de septiembre (carta a Pauline Einstein, su madre, del 27 de septiembre del 1919).
[22] El articulo Wikipedia sobre "Pruebas de la relatividad general" expone la mayoría. Para un informe más extenso y técnico sobre el tema, ver https://arxiv.org/abs/gr-qc/0510072 (en inglés).
[23] Holger Müller, Achim Peters & Steven Chu, *A precision measurement of the gravitational redshift by the interference of matter waves*, Nature volume 463, pages 926–929, 2010.
[24] Muy bien explicado por Eduardo García Llama, *Interstellar, Relatividad y GPS*, Investigación y Ciencia, 6 de diciembre de 2014.
[25] Por eso dicha solución se denomina ahora "métrica FLRW".
[26] Más bien, densidad de energía. Cualquier masa "m" cuenta como energía, según la fórmula $E=mc^2$.
[27] "It is as though they were embedded in the surface of a rubber balloon which is being steadily inflated." - Eddington, A. S., *On the instability of Einstein's spherical world*, Monthly Notices of the Royal Astronomical Society, Vol. 90, p.668-678, May 1930
[28] Einstein, Albert, *Kosmologische Betrachtungen zur allgemeinen Relativitätstheorie*, Sitzungsberichte der Königlich Preußischen Akademie der Wissenschaften (Berlin), Seite 142-152, 1917.
[29] La cita que sigue a continuación aparece en al apéndice 4 del libro de Einstein citado en la nota 7. Dicho libro ha tenido innumerables reediciones desde su primera impresión en alemán en 1916. He podido comprobar que este apéndice no está en una edición del 1931, pero sí en una de 1948. Según

Steinhardt y Turok (*Endless Universe: Beyond the Big Bang*, p. 176), Einstein la puso en 1945.

[30] Harry Nussbaumer, *Einstein's conversion from his static to an expanding universe*, European Physics Journal – History, 39, 37-62 (2014).

[31] Confidencia de Einstein a George Gamow, oída por John Wheeler. Contado en Edwin Taylor, John Wheeler, *Exploring Black Holes: Introduction to General Relativity*, Addison Wesley Longman, 2000, p. G-11.

[32] Su existencia como constituyentes de los protones y neutrones solo empezó a sospecharse en los años 1960.

[33] Ver, por ejemplo, para la nucleosíntesis: Alpher, R. A.; Bethe, H.; Gamow, G., *The Origin of Chemical Elements*, Physical Review. 73 (7): 803–804, 1948.

[34] Ralph A. Alpher and Robert C. Herman, *Remarks on the Evolution of the Expanding Universe*, Phys. Rev. 75, 1089, 1949

[35] Alain Coc, Jean-Philippe Uzan and Elisabeth Vangioni, *Standard big bang nucleosynthesis and primordial CNO abundances after Planck*, Journal of Cosmology and Astroparticle Physics, Volume 2014, October 2014.

[36] Para un informe reciente sobre la cuestión, ver Fields, Brian D, *The Primordial Lithium Problem*, Annual Review of Nuclear and Particle Science, vol. 61, issue 1, pp. 47-68, 2011.

[37] Sumner Starrfield et al., *Carbon–Oxygen Classical Novae Are Galactic 7Li Producers as well as Potential Supernova Ia Progenitors*, The Astrophysical Journal, Volume 895, Number 1, 2020.

[38] Ver, por ejemplo, Abraham Loeb, *How Did the First Stars and Galaxies Form?* Princeton Press (pdf gratis aquí: https://www.cfa.harvard.edu/~loeb/Photos/book_10.pdf).

[39] S. Muller et al., *A precise and accurate determination of the cosmic microwave background temperature at $z = 0.89$*, Astronomy & Astrophysics, 551, A109, 2013.

[40] Eisenstein et al., *Detection of the Baryon Acoustic Peak in the Large-Scale Correlation Function of SDSS Luminous Red Galaxies*, The Astrophysical Journal, Volume 633, Issue 2, pp. 560-574, 2005.

[41] Ralph A. Alpher et al., *Physical Conditions in the Initial Stages of the Expanding Universe*, Phys. Rev. 92, 1347, 1953.

[42] Daniel Baumann et al., *First constraint on the neutrino-induced phase shift in the spectrum of baryon acoustic oscillations*, Nature Physics, 15, 465–469, 2019.

[43] Por muy "constante" que se llame, la constante de Hubble no es constante. Hace 7 mil millones de años, valía el doble de su valor actual, de modo que aún se podía decir "edad = $1/H$".

[44] Lucano, *Farsalia*, Libro X.

[45] Heródoto, *Historias* 2.5.

[46] Terje Oestigaard, Gedef Abawa Firew, *The Source of the Blue Nile: Water Rituals and Traditions in the Lake Tana Region*, Cambridge Scholars Publishing, 2014.

[47] D. Braund, Juba II, *Cleopatra Selene and the Course of the Nile*, The Classical Quarterly, Vol. 34, No. 1 (1984), pp. 175-178.
[48] El lago Tana está a "tan solo" 450 km de Massawa, puerto del mar rojo.
[49] La revista americana "National Geographic" hizo en 2005 una película titulada *The Longest River* sobre esta expedición.
[50] Arthur Eddington demostró en 1930 que la solución estática de Einstein de 1917 era "inestable". Como un lápiz en equilibrio sobre su punta, que se derrumba en cuanto se le toca.
[51] El artículo de Wikipedia sobre la "Historicidad de Jesús", con las referencias citadas, lo explica muy bien.
[52] Ver por ejemplo Naomi Oreskes, *Mercaderes de la duda*, Capitán Swing Libros, 2018.
[53] Se recomienda al respecto la película "El hombre que conocía el infinito" (2015).
[54] G. Lemaître, Actas del VI Congreso Católico de Malinas, Tomo V, 1936, p. 69.
[55] Ver la figura 2 de este reciente informe sobre el tema: https://arxiv.org/abs/1606.06112 .
[56] Por ejemplo, PHENIX Collaboration, *Creation of quark–gluon plasma droplets with three distinct geometries*, Nature Physics, volume 15, pages 214–220 (2019).
[57] Para las referencias de los datos citados en este párrafo, ver Salas, Manuel D., *The curious events leading to the theory of shock waves*, Shock Waves, Volume 16, Issue 6, pp. 477-487, 2007.
[58] Las ecuaciones de la mecánica de fluidos con viscosidad, es decir, las de Navier-Stokes, sí que permiten resolver el frente del choque. Aun así, el problema del frente infinitamente corto vuelve en el caso de un choque fuerte. Ver Zeldóvich y Raizer, *Physics of Shock Waves and High-Temperature Hydrodynamic Phenomena*, capitulo 7.
[59] El cálculo es tan sencillo y el problema tan obvio que parece que la historia no recuerda quien lo vio primero.
[60] Empezando por V. F. Weisskopf, *On the Self-Energy and the Electromagnetic Field of the Electron*, Phys. Rev. 56, 72, 1939.
[61] Martin Bojowald, *Antes del Big Bang*, De bolsillo, 2015, p. 8.
[62] Hawking, S. W. and Ellis, G. F. R (1973), *The Large Scale Structure of Space-Time*, Cambridge University Press, p. 362-363.
[63] Enrique Álvarez, *Física Del Siglo XX*, Apuntes de Física Moderna, Universidad Autónoma de Madrid, p. 87 (gratis aquí https://members.ift.uam-csic.es/ealvarez/fisicatres.pdf).
[64] Ver, por ejemplo, el capítulo 11 de cualquier edición de L. D. Landau, E. M. Lifshitz *Teoría Clásica De Campos*.
[65] Por eso cuesta tanto acelerar partículas en los aceleradores circulares tipo CERN.

[66] N. Bohr, *On the Constitution of Atoms and Molecules*, Philos. Mag. 26, 1 1913. Versión gratuita aquí http://web.ihep.su/dbserv/compas/src/bohr13/eng.pdf.

[67] *Anna Karenina* empieza así: "Todas las familias felices se parecen unas a otras, pero cada familia infeliz lo es a su manera".

[68] Jeans, J. H., *The Stability of a Spherical Nebula*, Philosophical Transactions of the Royal Society A. 199: 1–53, (1902).

[69] Hoyle, F. *On Nuclear Reactions Occuring in Very Hot STARS.I. the Synthesis of Elements from Carbon to Nickel*, Astrophysical Journal Supplement, vol. 1, p.121, 1954.

[70] Chernykh, M. et al., *Structure of the Hoyle State in C12*, Physical Review Letters, vol. 98, Issue 3, id. 032501, 2007.

[71] Núcleos más pesados que el hierro sueltan energía cuanto se dividen, no cuando se unen. Por eso las plantas nucleares dividen ("fisionan") Uranio.

[72] Hubert Reeves, Joël de Rosnay, Yves Coppens, *La historia más bella del mundo. Los secretos de nuestros orígenes*, Argumentos, 2016.

[73] Chandrasekhar, S. *The Maximum Mass of Ideal White Dwarfs*, Astrophysical Journal, vol. 74, p.81, 1931.

[74] El valor de este límite no es tan claro como el de Chandrasekhar porque las estrellas de neutrones ya desafían bastante nuestro conocimiento.

[75] Muchos más detalles sobre el colapso gravitacional en los capítulos 5 y 6 del libro de Kip Thorne, *Agujeros negros y tiempo curvo: El escandaloso legado de Einstein*.

[76] Kip Thorne y Roger Blandford, *Modern Classical Physics*, Princeton Press, 2018, p. 1271.

[77] En base a la gravedad de Newton, el británico John Michell y el frances Pierre-Simon Laplace vislumbraron lo mismo en el siglo XIX. Sin la Relatividad General, no pudieron ir muy lejos.

[78] Erik Curiel, *The many definitions of a black hole*, Nature Astronomy, volume 3, pages 27–34 (2019).

[79] Ghez, A. M. et al., *High Proper-Motion Stars in the Vicinity of Sagittarius A*: Evidence for a Supermassive Black Hole at the Center of Our Galaxy*, The Astrophysical Journal, Volume 509, Issue 2, pp. 678-686, 1998.

[80] Conselice, Christopher, et al., *The Evolution of Galaxy Number Density at $z < 8$ and Its Implications*, The Astrophysical Journal, Volume 830, Issue 2, article id. 83, 17 pp. (2016).

[81] https://es.wikipedia.org/wiki/Agujero_negro_estelar

[82] Oliver D. Elbert et al., *Counting black holes: The cosmic stellar remnant population and implications for LIGO*, Monthly Notices of the Royal Astronomical Society, Volume 473, Issue 1, 2018,

[83] Emanuele Berti, *Viewpoint: The First Sounds of Merging Black Holes*, Physics 9, 17, February 11, 2016 (https://physics.aps.org/articles/v9/17).

[84] B. P. Abbott et al. (LIGO Scientific Collaboration and Virgo Collaboration), *Observation of Gravitational Waves from a Binary Black Hole Merger*, Phys. Rev. Lett. 116, 061102, 2016.

[85] La lista está aquí
https://en.wikipedia.org/wiki/List_of_gravitational_wave_observations
[86] https://eventhorizontelescope.org/
[87] The EHT collaboration, *First M87 Event Horizon Telescope Results. I. The Shadow of the Supermassive Black Hole*, The Astrophysical Journal Letters, 875:L1 (17pp), 2019 April 10.
[88] Richard Feynman, *Messenger Lectures at Cornell: The Character of Physical Law. Part 7 Seeking New Laws*, Universidad de Cornell, 1964 (http://www.cornell.edu/video/richard-feynman-messenger-lecture-7-seeking-new-laws - minuto 17).
[89] O Robert Brout, o François Englert. Higgs y Englert compartieron el Nobel 2013. Brout falleció en 2011.
[90] Leon Lederman, nobel de física 1988, tuvo la pésima idea en 1993 de llamar a esta partícula "la partícula de Dios". Como si al tema Ciencia y Fe le faltara leña.
[91] Ver un informe en: Daniel Carney, Philip Stamp, Jacob Taylor, *Tabletop experiments for quantum gravity: a user's manual*, Classical and Quantum Gravity, Volume 36, Number 3, 2019. Version gratis https://arxiv.org/abs/1807.11494.
[92] Keating, Brian, *Losing the Nobel Prize: A Story of Cosmology, Ambition, and the Perils of Science's Highest Honor*, New York, NY: W.W. Norton (2018)
[93] Ver por ejemplo la investigación del denominado "punto frío de la radiación de fondo cósmica" o Xingang Chen, Abraham Loeb, and Zhong-Zhi Xianyu, *Unique Fingerprints of Alternatives to Inflation in the Primordial Power Spectrum*, Phys. Rev. Lett. 122, 121301, 2019.
[94] Joshi P. S., Malafarina D., Narayan R., *Distinguishing black holes from naked singularities through their accretion disc properties*, Classical and Quantum Gravity, Volume 31, Issue 1, article id. 015002 (2014).
[95] Stuart L. Shapiro and Saul A. Teukolsky, *Formation of naked singularities: The violation of cosmic censorship*, Phys. Rev. Lett. 66, 994, 1991.
[96] Charla dada en el marco de la conferencia *Quantum Gravity: Physics and Philosophy*, 24-27 de octubre de 2017, Institut des Hautes Etudes Scientifiques (IHES), Bures-Sur-Yvette, Francia. Visible aquí https://youtu.be/T2axJ_XCewc .
[97] No puedo explicar aquí lo que son estos problemas, pero Wikipedia lo aclarará.
[98] Curiosamente, y por razones de mecánica cuántica que no explicaré (estadística de Fermi-Dirac), un gas de fusión nuclear tipo "inercial" a veces puede considerarse frío, a pesar de que esté a 100.000.000 de grados.
[99] L. Hoddeson, V. Daitch, True Genius: The Life and Science of John Bardeen: The only Winner
of Two Nobel Prizes in Physics, Joseph Henry Press, 2002, p. 54.
[100] Richard Feynman, *Feynman Lectures On Gravitation*, Westview Press, 2002, clase 2.

[101] Freeman Dyson, *The Scientist as Rebel*, NYRB Collections, 2008, p. 214.
[102] Paul Steinhardt, *Big Bang blunder bursts the multiverse bubble*, Nature, 03 Junio 2014.
[103] Cuando la relatividad general se aplica al universo entero, hay que añadir una tercera constante, la "constante cosmológica". Pero su influencia es imperceptible para los fenómenos que voy a mencionar.
[104] Citado por Freeman Dyson en Freeman Dyson, *A meeting with Enrico Fermi*, Nature, vol. 427, página 297, 2004.
[105] Roger Penrose enuncia más dudas respeto a la inflación en *El camino a la realidad: Una guía completa de las Leyes del Universo*, Debate, 2015, §28.5.
Citemos también a Alan Coley y George Ellis: "El problema básico con la inflación y cualquier intento de modelar lo que sucedió en épocas iniciales en la historia del universo es que nos encontramos con el horizonte de la física: no sabemos cuál era la física relevante en esos tiempos. La razón es que no podemos construir colisionadores de partículas que se extiendan a energías tan altas". (Coley, A. A.; Ellis, G. F. R., *Theoretical cosmology*, Classical and Quantum Gravity, Volume 37, Issue 1, id.013001, 2020).
[106] Arvind Borde, Alan H. Guth, and Alexander Vilenkin, *Inflationary Spacetimes Are Incomplete in Past Directions*, Phys. Rev. Lett. 90, 151301, 2003.
[107] Aunque no sabemos si son siempre "singularidades desnudas".
[108] Citado por Sean Carroll durante su debate con William Lane Craig, *God and Cosmology*, 2014 Greer Heard Forum. Minuto 58 de este video https://youtu.be/G2YRO8cnhrk?t=3475.
[109] Lawrence Krauss, *Un universo de la nada, el origen sin creador*, editorial Pasado, 2013.
[110] Indagar el "Efecto Casimir" o el "Lamb Shift"
[111] Anna Ijjas and Paul J Steinhardt, *Bouncing cosmology made simple*, Classical and Quantum Gravity, Volume 35, Number 13, 2018.
[112] "Parece que la teoría cuántica no solo tendrá que modificar la electrodinámica de Maxwell, sino también la nueva teoría de la gravitación". Einstein, Albert, *Näherungsweise Integration der Feldgleichungen der Gravitation*, Sitzungsberichte der Königlich Preußischen Akademie der Wissenschaften (Berlin), 688-696, 1916.
[113] Ver, por ejemplo, Einstein, A., *Zur affinen Feldtheorie*, Sitzungsber. K. Preuss. Akad. Wiss. (Berlin), 137–140, 1923.
[114] Dewitt, Bryce S., *Quantum Theory of Gravity. I. The Canonical Theory*, Physical Review, vol. 160, Issue 5, pp. 1113-1148, 1967.
Ver también el más reciente Carlo Rovelli, *The strange equation of quantum gravity*, Classical and Quantum Gravity, Volume 32, Issue 12, article id. 124005 (2015).
[115] J. B. Hartle and S. W. Hawking, *Wave function of the Universe*, Phys. Rev. D 28, 2960, 15 December 1983.
[116] Stephen W. Hawking, *Historia del tiempo: Del big bang a los agujeros negros*, El Libro de Bolsillo – Ciencias, 2011.

[117] Stephen Hawking, *The Origin of the Universe*, https://www.hawking.org.uk/in-words/speeches/speech-5.
[118] Recomiendo al respecto el libro de Brian Green, *El universo elegante*, Ed. Critica, Drakontos, 2006.
[119] Las dimensiones extra de la teoría de cuerdas están compactificadas según las denominadas "variedades de Calabi-Yau" que representan una familia que respeta las numerosas restricciones impuestas por las mates.
[120] Brandenberger, R.; Vafa, C., *Superstrings in the early universe*, Nuclear Physics B, Volume 316, Issue 2, p. 391-410, 1989.
[121] "Fuzzball" en inglés. Ver https://www.quantamagazine.org/how-fuzzballs-solve-the-black-hole-firewall-paradox-20150623 .
[122] Joseph Conlon, *Why String Theory?* CRC Press, 2015, p. 107.
[123] Martin Bojowald, *Absence of a Singularity in Loop Quantum Cosmology*, Phys. Rev. Lett. 86, 5227, 2001. También del mismo autor, pero en castellano, *El rebote del universo*, Investigación y Ciencia, N° 387, diciembre 2008.
[124] Rovelli, Carlo y Vidotto, Francesca, *Planck stars*, International Journal of Modern Physics D, Volume 23, Issue 12, id. 1442026, 2014.
[125] Carlo Rovelli, *Viewpoint: Black Hole Evolution Traced Out with Loop Quantum Gravity*, December 10, Physics 11, 127, 2018 (https://physics.aps.org/articles/v11/127).
[126] Popławski, Nikodem J., *Cosmology with torsion: An alternative to cosmic inflation*, Physics Letters B, Volume 694, Issue 3, p. 181-185, 2010.
[127] Este principio implica que la masa inercial es igual a la masa gravitacional. Por eso los estudiantes que descubren "ma=mg" pueden "simplificar por m". Esta igualdad fue probada experimentalmente por el húngaro Loránd Eötvös en 1913, con una precisión de 1 parte por 100 millones.
[128] Citado en Terry M. Christensen, *Theoretical physics takes root in America: John Archibald Wheeler as Student and Mentor*, p. 157, 2006.
[129] Jacob D. Bekenstein, *Black Holes and Entropy*, Phys. Rev. D 7, 2333, 1973.
[130] Strominger, Andrew; Vafa, Cumrun, *Microscopic origin of the Bekenstein-Hawking entropy*, Physics Letters B, v. 379, p. 99-104, 1996.
[131] A. Ashtekar, J. Baez, A. Corichi, and K. Krasnov, *Quantum Geometry and Black Hole Entropy*, Phys. Rev. Lett. 80, 904, 1998.
[132] Stephen Hawking, *Particle creation by black holes*, Communications in Mathematical Physics, August 1975, Volume 43, Issue 3, pp 199–220.
[133] Ansari, Mohammad H., *Spectroscopy of a canonically quantized horizon*, Nuclear Physics, Section B, Volume 783, Issue 3, p. 179-212, 2007.
[134] Maldacena, Juan Martin, *Black Holes in String Theory*, PhD Thesis Princeton University, Dissertation Abstracts International, Volume: 57-04, Section: B, page: 2641, January 1996 (https://arxiv.org/abs/hep-th/9607235).
[135] GRAVITY Collaboration, *Detection of the gravitational redshift in the orbit of the star S2 near the Galactic centre massive black hole*, Astronomy & Astrophysics, 615, L15 (2018).

[136] Anne M. Archibald et al., *Universality of free fall from the orbital motion of a pulsar in a stellar triple system*, Nature, volume 559, 73–76 (2018).
[137] Thomas E. Collett et al., *A precise extragalactic test of General Relativity*, Science, 22 Jun 2018, Vol. 360, Issue 6395, pp. 1342-1346.
[138] Sean Carroll, *What We (Don't) Know About the Beginning of the Universe*, 229th Meeting of the American Astronomical Society, Grapevine, Texas, January 3-7, 2017.
[139] Al contrario de lo que se piensa a menudo, el segundo principio de la termodinámica no prohíbe necesariamente un universo eterno en el pasado. Ver el capítulo 8 de Paul Steinhardt and Neil Turok, *Endless Universe: Beyond the Big Bang*, Doubleday, 2007.
Para otra versión de un universo temporalmente infinito, cabe mencionar la "cosmología cíclica conforme" que Roger Penrose expone en su libro *Ciclos del tiempo: Una extraordinaria nueva visión del universo*.
Sobre todo cabe recordar que la física involucrada aquí es especulativa, termodinámica incluida. Como escribe Carlo Rovelli, "en la física actual, no existe una definición razonable de temperatura y entropía que se mantenga en dicho régimen [gravedad cuántica]. Por lo tanto, cuando consideramos la temperatura y la entropía del universo primitivo, es muy probable que no sepamos de qué estamos hablando." (Carlo Rovelli, *Statistical mechanics of gravity and the thermodynamical, origin of time*, Class. Quantum Grav. 10, 1549-1566, 1993).
[140] Richard Feynman, *The Pleasure of Finding Things Out*, Perseus Book, 1999, p. 24. Reproducción de una entrevista de Feynman concedida al canal de televisión británico BBC en 1981. Disponible aquí https://youtu.be/_MmpUWEW6Is.
[141] Citado en John Horgan, *The New Challenges*, Scientific American, December 1992, Volume 267, Issue 6.
[142] Veo ahora el Sol tal como era hace 8 minutos porque su luz tardó 8 minutos en llegar. Gracias a la finitud de la velocidad de la luz, mirar lejos en el espacio es mirar lejos en el pasado.
[143] René Barjavel, *Destrucción* (Título original: *Ravage*) Editorial Emecé, 1943.
[144] Para que eso pasara, tendría que incumplirse una ley de la física denominada "conservación del momento angular".
[145] Joe Polchinski, *Memories of a Theoretical Physicist*, 2017 (https://arxiv.org/pdf/1708.09093.pdf).
[146] PubMed hace lo mismo en biología, https://www.ncbi.nlm.nih.gov/m/pubmed/ .
[147] J. Giles, *Internet encyclopaedias go head to head*, Nature 438(7070), 900 (2005)
[148] El grupo *Nature* tiene varias revistas con acceso libre. La lista está aquí https://www.nature.com/openresearch/publishing-with-npg/nature-journals/.
[149] Citado por Ernst Strauss, asistente de Einstein, cuando se le preguntó si Dios tenía algunas elecciones al diseñar el mundo. Ver Carl Seelig, *Helle Zeit — Dunkle Zeit: In memoriam Albert Einstein*, Springer-Verlag, 2013.

Por cierto, para comprobar la autenticidad de las citas atribuidas a Einstein, recomiendo el exhaustivo Alice Calaprice, *The Ultimate Quotable Einstein*, Princeton University Press, 2010.

[150] Susskind, Lenny, *The Anthropic Landscape of String Theory*, The Davis Meeting On Cosmic Inflation, March 22-25, Davis CA., id.26, 2003.

[151] Ver la base de datos "NASA Exoplanet Archive" en https://exoplanetarchive.ipac.caltech.edu/

[152] Hay que reconocer que "10^{22}" resulta muchos más cómodo de escribir que "10,000,000,000,000,000,000,000".

[153] Conselice, Christopher, et al., *The Evolution of Galaxy Number Density at $z < 8$ and Its Implications*, The Astrophysical Journal, Volume 830, Issue 2, article id. 83, 17 pp. (2016).

[154] Lingam, Manasvi; Loeb, Abraham, *Physical constraints on the likelihood of life on exoplanets*, International Journal of Astrobiology, Volume 17, Issue 2, pp. 116-126, 2018.

[155] Ver, por ejemplo, el texto del debate del 26 de abril del 1920 entre Harlow Shapley y Heber Curtis en *The Scale of the Universe*, Bulletin of the National Research Council, Vol. 2, Part 3, May, 1921, Number 11, pp 171-217.

[156] Lawrence Joseph Henderson, *The Fitness of the Environment*, 1913. Texto inglés gratis aquí https://archive.org/details/cu31924003093659/page/n6

[157] Hay un parámetro más a escala del universo entero, a escala "cosmológica". Ese tercer parámetro es la "constante cosmológica".

[158] Y aun así, habría que ver si la nucleosíntesis primordial sigue generando helio y litio.

[159] Martin Rees, *Seis números nada más: las fuerzas profundas del universo*, Editorial Debate, 2001.

[160] Geraint F. Lewis y Luke A. Barnes, *A Fortunate Universe: Life in a Finely Tuned Cosmos*, Cambridge University Press (6 de octubre de 2016).

[161] Tegmark, Max, *On the dimensionality of spacetime*, Classical and Quantum Gravity, Volume 14, Issue 4, pp. L69-L75 (1997).

[162] "I would start becoming religious". Nima Arkani-Hamed, *Space-Time, Quantum Mechanics and the Multiverse*, Conferencia dada en Oxford el 3 de diciembre 2013. Disponible aquí : https://youtu.be/FrTq_m1pLz8 , (minuto 26:03).

[163] Joseph Keithley, The Story of Electrical and Magnetic Measurements: From 500 BC to the 1940s, Wiley-IEEE Press, 1999, capítulo 17.

[164] "Today we cannot see whether Schrödinger's equation contains frogs, musical composers, or morality—or whether it does not. We cannot say whether something beyond it like God is needed, or not. And so we can all hold strong opinions either way." R. Feynman, *Feynman' Lectures on Physics*, volumen 2, capitulo 41, 1963.

[165] Richard Feynman, *¿Está usted de broma, Sr. Feynman?* (Libros Singulares), 2018.

[166] Epístola a los hebreos 11.1.

[167] ¿Sigue siendo "física" la teoría de cuerdas en ausencia de comprobación experimental? Se puede consultar al respecto el libro de Lee Smolin, *Las dudas de la física en el siglo XXI: ¿Es la teoría de cuerdas un callejón sin salida?* Editorial Crítica, 2016.

[168] *L'Hypothèse de l'atome primitif : essai de cosmogonie* (préf. F. Gonseth), seguida de L'Hypothèse de l'atome primitif et le Problème des amas de galaxies. Rapport présenté par G. Lemaître au onzième Conseil de physique de l'Institut international de physique Solvay, juin 1958, y de O. GODART, Georges Lemaître et son œuvre. Bibliographie des travaux de Georges Lemaître, Bruselas, Culture et civilisation, 1972, pp. 9-10.

[169] Respuesta a una pregunta de Rabbi Herbert S. Goldstein publicada en el New York Times del 25 de abril de 1926.

[170] En cuanto a la "conversion" de Einstein, ver Harry Nussbaumer, *Einstein's conversion from his static to an expanding universe*, The European Physical Journal H, Volume 39, Issue 1, pp 37–62, 2014.

[171] Trofim Lysenko fue un agrónomo ruso que, en los años 1930, desarrolló una biología ideológicamente compatible con el régimen de Stalin, pero no con la realidad.

www.ingramcontent.com/pod-product-compliance
Lightning Source LLC
Chambersburg PA
CBHW071409210526
45465CB00001B/316